小型マイコンボード を使った 電子工作ガイド

はじめに

　最近は、マイコンボードでも安価なものや高性能なものなど、さまざまなものが出回っています。それらを使って、自分の好きなものを作る電子工作が盛り上がっています。
　しかし、種類も多く、どのボードがどのような製作に向いているか、実際にどのように作ればいいのか分からない人も多いでしょう。

＊

　本書では、
①マイコンボードの仕組みや種類を解説した「基礎知識」
②数多くあるマイコンボードをそれぞれ解説した「ボード解説」
③実際の作例のメイキング「製作」
④「Raspberry Pi」や「konashi」「Koshian」を使った「IoT」製作
などを解説しています。

I/O編集部

※**本書は、月刊「I/O」に掲載した電子工作に関する記事を再構成し、新規原稿を追加したものです。**

小型マイコンボードを使った電子工作ガイド

CONTENTS

はじめに …………………………………………………… 3
サンプルのダウンロード …………………………………… 6

第1章　基礎知識

小型マイコンの種類 ………………………………………… 8
小型マイコンボード ……………………………………… 17

第2章　ボード解説

Raspberry Pi3 …………………………………………… 28
Arduinoとその他の「開発ボード」……………………… 34
mbed ……………………………………………………… 41
PanCake ………………………………………………… 46
Arduino GROVE ………………………………………… 56
ちょっとすごいロガー …………………………………… 63

第3章　製　作

「Arduino」で何が作れるか ……………………………… 70
「7セグLEDキッチンタイマー」を作る ………………… 80
「ちょっとすごいロガー」の使い方 ……………………… 93

第4章　IoT

電子工作用IoT/M2Mモジュールカタログ …………… 102
「さくらのIoT Platform α」を試す …………………… 108
「Raspberry Pi3」でIoT ……………………………… 121
「konashi」と「Koshian」でIoT ……………………… 139

索　引 …………………………………………………… 159

●各商品は一般に各社の登録商標または商標ですが、®およびTMは省略しています。

サンプルのダウンロード

本書のサンプルデータは、サポートページからダウンロードできます。

http://www.kohgakusha.co.jp/

ダウンロードした ZIP ファイルを、下記のパスワードを大文字小文字に注意して、すべて半角で入力して解凍してください。

rEqA75LBj

※解凍がうまくいかない場合は、別の解凍ソフトなどをお試しください。
また、サポートページには、見やすい大き目の回路図も掲載しています。参考にしてください。

小型マイコンボードを使った電子工作ガイド

第1章

基礎知識

ここでは、「マイコン」の「構造」「歴史」「種類」など、基本知識を解説します。

小型マイコンの種類
「定義」と「メリット / デメリット」

勝田 有一朗

「IoT」時代が到来し、趣味でも実用でも「使える」、さまざまな特徴をもった「小型マイコン」が出揃ってきました。
今回の特集では、そんな「小型マイコン」を見ていきます。

「小型マイコン」の定義

■身の回りに溢れている「マイコン」

「マイコン」(Micro Controller Unit)とは、小さいながらもそれ1つで立派なコンピュータとして成立する半導体チップです。

1つのチップの中に心臓部となる「CPUコア」をはじめ、プログラムやデータを格納する「ROM/RAM」、「I/Oインターフェイス」、「タイマー」、「A/D変換」といった、さまざまな機能が内蔵されています※。

※「ワンチップ・マイコン」とも呼ばれる。

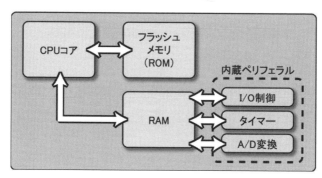

「マイコン」の中には、コンピュータに必要な要素が詰まっている。

「マイコン」は、いわゆる「組み込み用プロセッサ」と呼ばれており、玩具や家電などをはじめ、身の回りの工業製品の多くに「マイコン」が組み込まれています。

「小型マイコン」の定義

■「必要なシステム」を「1枚のボード」に

　1チップにコンピュータの機能が詰まっている「マイコン」ですが、実際に使用する際は、そのチップ単体で動作できるわけではありません。

　電力を供給する「電源部」や、PCなどとの接続に用いる「インターフェイス」、その他必要な入出力回路を実装して、はじめて「マイコン」として働くことができます。

＊

　製造販売する製品であれば専用基板を設計して「マイコン」を搭載します。

　しかし、「テスト・プロダクト」や「ホビー用途」で専用基板の発注は難しいものがあります。

　かといって、すべてをハンドメイドで組み上げるのも時間やスキルの関係でハードルが高いと言わざるを得ません。

＊

　そこで役立つのが、「マイコン」を動作させるのに必要な部品を1枚のボードに実装する「小型マイコンボード」です。

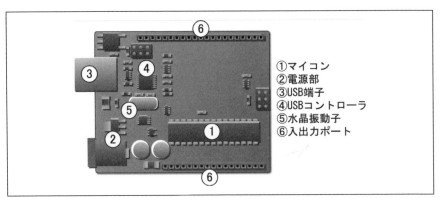

「マイコン」と、動作に不可欠な部品を加えたものが「小型マイコンボード」

　「小型マイコンボード」を用いれば、"「マイコン」を動くようにする"という最初の段階を飛ばして、プロダクト開発や「マイコン」習熟など、直接目的の段階に取り組むことができるのです。

　「小型マイコンボード」の存在意義は、まさにこの部分にあり、「小型マイコンボード」を定義するならば、"「マイコン」を用いたプロダクト開発を容易にするもの"と言えるでしょうか。

「小型マイコンボード」が生まれた背景

■「一般ユーザー」からは遠い存在だった「マイコン」

　マイコンのルーツを辿っていくと、最初期は1970年代にまで遡ります。PCはもちろん、個人向けコンピュータなど考えられなかった時代に「マイコン」および「マイコン・ボード」が登場し、「マイコン・ブーム」と呼ばれるほどの人気を博しました。

　「マイコン・ブーム」は多くのコンピュータ・フリークを輩出し、「マイコン」を搭載する製品も増え続けて私達の生活に「マイコン」は浸透していくのですが、PC普及に伴って、趣味としての「マイコン」は急速に後退し、一般ユーザーからは遠い存在となっていました。

■ 開発環境の整った「ワンチップ・マイコン」の登場で「マイコン」ブーム再燃

　そして時は流れて21世紀、「マイコン」を取り巻く環境に大きな変化が表われました。

　1つは「ワンチップ・マイコン」の登場です。
　動作に必要な殆どの要素を1つにまとめた「ワンチップ・マイコン」の登場で、「マイコン・ボード」は非常にシンプルな「小型マイコンボード」となり、コストが大幅に下がりました。
　雑誌の付録に「小型マイコンボード」が付くほどになったのは、凄いインパクトでした。

＊

　そしてもう1つは、開発のハードルがとても低くなったという点です。

　統合開発環境までパッケージ化された「小型マイコンボード」の登場で、初心者でも簡単に扱えるようになり、趣味としての「マイコン」が大きな注目を集めるようになったのです。

　開発環境によっては機能別に抽象化された数多くのライブラリがインターネット上に公開されており、簡単にプログラムを組むことができます。

＊

また、「小型マイコンボード」にはUSBが搭載され、PCの開発環境からプログラムを転送して、すぐに実行結果を得ることができるなど、開発時の手間が大幅に簡素化された点も、趣味としての「マイコン」普及に一役買っていたと考えられます。

■「IoT」で「小型マイコンボード」の注目度がさらにアップ

そして、昨今巷を賑わせている「IoT」(モノのインターネット)によって、「小型マイコンボード」の注目度がさらに上がってきています。

「IoT」は、さまざまなモノに「センサ」などの入出力機器を取り付け、それらをインターネットに接続し、情報収集やフィードバックを通じて、生活向上を図ります。

つまり「IoT」が浸透した社会では、さまざまなモノが「コンピュータ化」するわけですが、それには「小型」「省電力」「安価」なコンピュータが必要となるため「小型マイコンボード」に白羽の矢が立つのです。

「IoT」はまだこれからの分野で、どんなものをどんな風にコンピュータ化するか、試行錯誤が続けられている段階です。このような状況において、簡単に開発ができる「小型マイコンボード」は適材適所と言えるでしょう。

また、「IoT」市場を見込み、通信機能として無線LANやBluetoothを標準搭載する「小型マイコンボード」が増えてきたのも最近の傾向と言えます。

「小型マイコンボード」のメリットとデメリット

「小型マイコンボード」のメリットとデメリットを大まかに列挙すると、次の事項が挙げられます。

● メリット

《価格》
「ワンチップ・マイコン」自体は数百円、「小型マイコンボード」でも数千円で購入可能です。

超小型マイコンの種類

《サイズ》
　小さいものではコイン・サイズやそれ以下の「小型マイコンボード」が登場しており、さまざまな活用方法が考えられます。

《消費電力》
　乾電池でも駆動可能な「小型マイコンボード」の低消費電力は「IoT」に適しています。

● デメリット

《入出力機器》
　一般的な「小型マイコンボード」は、ディスプレイやキーボードなどの入出力機器を接続するために大掛かりな追加部品が必要となります。

《処理能力》
　動作クロックは数MHz～数十MHzと、昨今のPCと比較して天と地ほどの差があります。

《容量》
　マイコン内部の記憶容量は数十～数百KB程度で、プログラムの規模はどうしても小さくなります。

*

　以上、「メリット」と「デメリット」を挙げましたが、適材適所で扱っているぶんには、「小型マイコンボード」のデメリットは、さほどデメリットではないとも考えられます。

「小型マイコンボード」の種類

　「小型マイコンボード」は世界中で星の数ほどリリースされていますが、その中でも代表的なものなどをいくつか紹介します。

■「Arduino」系マイコン

　「Arduino」(アルドゥイーノ)は、オープンソースで開発される「小型マイコンボード」およびその開発環境を含めたシステムの総称です。

「小型マイコンボード」の種類

とてもシンプルな開発環境「Arduino IDE」や、数多くのユーザーが作成したライブラリの存在から「マイコン」の習熟に適しているとして人気を集めています。

「Arduino」最大の特徴は、「シールド」と呼ばれる機能拡張ボードを用いて簡単に機能拡張できる点です。数多くの「シールド」がリリースされており、さまざまな用途に活用できます。

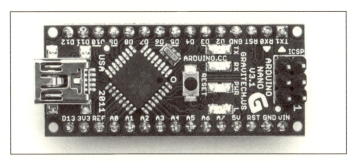

超小型版の「Arduino Nano」(Arduino SRL)

また、「Arduino」は「オープン・ソース」ということで、世界中でさまざまな「Arduino互換」の「小型マイコンボード」が販売されています。

コインサイズのArduino互換マイコン「Adafruit Trinket」(Adafruit)

超小型マイコンの種類

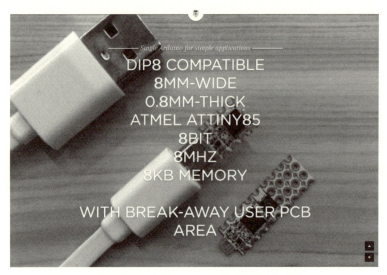

個人開発された幅8mmの超々小型Arduino互換マイコン「8pino」(http://8pino.strikingly.com/)

■「Raspberry Pi」系マイコン

　「Raspberry Pi」(ラズベリーパイ)は「ARMプロセッサ」を用いた「小型マイコンボード」です。
　OSとして「Linux系OS」が走り、ディスプレイやキーボードを接続可能という、PCをそのまま凝縮した「小型マイコンボード」と言えるでしょう。イギリスの「ラズベリーパイ財団」によって開発されています。

　「Linux系OS」が走ることで「ファイル・システム」などさまざまな機能が使えるため、「SDカード」をストレージにして大容量データを保存するような用途や、直接インターネットへ接続することも可能です。

　最新の「Raspberry Pi 3 Model B」は、初の「64bitCPUコア」を搭載し、無線LAN、Bluetoothも標準搭載するなど、これ1枚にPCの全要素が詰まっているといった感じです。
　マイクロソフトも組み込み向け「Windows 10 IoT Core」の「Raspberry Pi 3」対応を発表しています。

「小型マイコンボード」の種類

64bitCPU搭載の「Raspberry Pi 3 Model B」(ラズベリーパイ財団)

■インテル「Edison」

「Edison」(エジソン)は、インテルの開発する「小型マイコンボード」です。プロセッサにはインテルのAtom系「SoC」(System on a Chip)が用いられています。

*

「SoC」や「無線LAN」が載っているSDカードサイズの「本体基板」と、用途に応じて使い分ける「拡張ボード」が分かれているのが特徴。

「拡張ボード」には「Arduino」の「シールド」がそのまま使える「Edison Board for Arduino」や、より小型で「Edison」のインターフェイスを引き出すのに特化した「Edison Breakout Board」などが用意されています。

SDカードサイズに「SoC」と「無線LAN」を備える「Edison」(インテル)

超小型マイコンの種類

■インテル「Intel Quark Microcontroller Dev Kit D2000」

インテルの「IoT」向け超省電力SoC「Quark」シリーズを搭載する「小型マイコンボード」です。

心臓部の「Quark D2000」は32MHz駆動の32bitx86系CPUを内蔵し、開発ボードには温度センサ、加速度センサ、「Arduinoシールド」互換インターフェイス、統合開発環境などが揃えられています。

*

インテルが「IoT」市場でのブランド力を高めるために投入した戦略的な「小型マイコンボード」で、1台約2,000円という低価格から購入可能です。

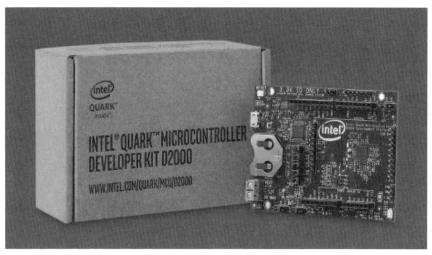

「IoT」市場で存在感を示せるか、
「Intel Quark Microcontroller Dev Kit D2000」(インテル)

小型マイコンボードの現状
「IoT」や「ドローン」の需要で進む小型化　arutanga

「スマートフォン」から「スマートウォッチ」「スティックPC」まで、完成した製品に搭載されているマイコンのほとんどが、すでに「小型マイコン」の名にふさわしいほど、小型化と微細化が進んでいます。
それでは、ホビイストの要求に応えるマイコンボードについての「小型化事情」はどうなっているのでしょうか。

「SDカード」サイズのマイコンボード

　「小型マイコンボード」と聞いて、最初に思い浮かぶのが、インテルの「Edison」です。

超小型で、「IoT」や「ドローン」「ウェアラブル」に対応する「Edison」

　「Edison」は、2014年に発表され、そのサイズは「SDカード」よりわずかに大きいだけの、「35.5×25×3.9mm」。

　この極小のサイズの中に、CPUとして「Intel Atom デュアルコア 500MHz」、1GBのメモリ、4GBの「eMMC」ストレージ、そして無線通信機能である「Bluetooth」と「Wi-Fi」を備えています。

　また、「Edison」で実行できるのは「Yocto Project」のLinuxです。

小型マイコンボードの現状

*

 なお、「Edison」は、すべてのインターフェイスが底部の「GPIOコネクタ」に集約されており、電極のピッチも極小のため、そのままでは触ることはできません。

 そのため、開発を行なうには「Edisonを載せるボード」(開発ボード)が別途必要です。

 「Edison」の下面に設けられた0.4mmピッチのコネクタピンを、直接使って工作するのは事実上不可能ですから、開発には「開発ボード」が必須になるわけです。

裏のコネクタに、すべてのIOが集約されている

 製品版に至る前の開発プロセスにおいては、この「GPIO」を引き出して、「開発用ボード」上の「USBポート」や「SDカード・インターフェイス」から利用することになります。

*

 「開発用ボード」として用意されているのは、Arduino互換の「Intel Edison Kit for Arduino」や、互換ではない代わりに、より小型の「Intel Edison Breakout Board Kit」などです。

Intel Edison Kit for Arduino

「SDカード」サイズのマイコンボード

Intel Edison Breakout Board Kit

　「Edison」はOSを搭載した"Linuxマシン"であり、その点においてOSを搭載しない「Arduino」や「mbed」とは異なります。

　"超小型PC"と呼ぶべき存在であり、実際に「Intel Edison Breakout Board Kit」に搭載して、PCとUSB接続すれば、ソフトのインストールなどを一切しなくても、リモートでシェルにログインすることが可能です。

＊

「Edison」は、単体で次のようなハード機能を備えています。

- 電源電圧 DC 3.3〜4.5V
- コネクタ DF40C-70DP-0.4V (51)（ヒロセ電機製DF40シリーズ）
- サイズ 35.5 × 25.0 × 3.9 mm
- Intel Atom Silvermontプロセッサ（2コア、500MHz）
- RAM 1GB DDR3
- Flash 4GB eMMC
- Wi-Fi（IEEE 802.11a/b/g/n 2.4GHz/5GHzデュアルバンド）
- Bluetooth 4.0
- SDカード・インターフェース×1
- UART ×2 (1 full flow control, 1 Rx/Tx)

小型マイコンボードの現状

- I2C ×2
- SPI ×1 (chip select x2)
- I2S ×1
- USB 2.0 ×1 OTG controller
- クロック出力 32kHz、19.2MHz

※上記スペックは「https://www.switch-science.com/」より引用。

　IoTをはじめとする最新のマイコン活用は、「無線インターフェイス」なしには始まりません。
　そのため、「無線LAN」や「Bluethooth」をLinuxから使える点は、たいへん魅力的だと言えそうです。

海外では、「Edison」を使ったプロトタイピングが手軽にできるキットなども販売されている

省電力に特化するマイコンボード

　「IoT」の世界で重要なのが、さまざまな情報をセンサで収集して、ホスト側のシステムにデータを送る、いわゆる「センサ・ノード」です。

　「センサ」は原則的に「アナログ信号」を検出、出力するので、これを「デジタルデータ」へと変換(いわゆる、「A/D変換」)して、無線などの手段でネットワークへとアップロードする「センサ・ノード」には、マイコンが必要不可欠でしょう。

省電力に特化するマイコンボード

■「コイン型電池」で20年稼働

そうした要求の元、テキサス・インスツルメンツが製品化した「CC1310」は、業界で最も消費電力が低い「ワイヤレス・マイコン」です。

CC1310

「CC1310」は、テキサス・インスツルメンツの無線通信ソリューション「SimpleLink」に含まれる製品のひとつです。

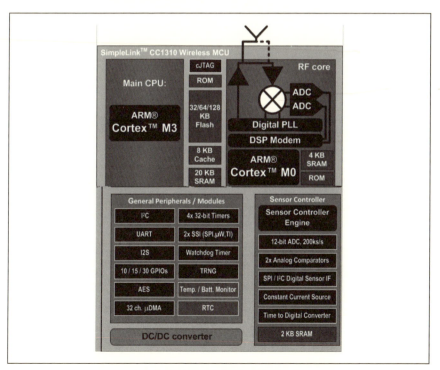

「CC1310」の内部ブロック図

小型マイコンボードの現状

テキサス・インスツルメンツの資料によると、無線通信の受信時のピーク電流が「5.5mA」、送信時のピーク電力が「12.9mA」、スリープ中のリーク電力が「0.6μA」となっています。

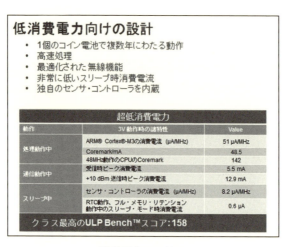

消費電力の具体例

こうした超低消費電力な「ワイヤレス・マイコン」の実装によって、1個の「コイン型電池」で最大20年の電池駆動時間が得られるということです。

■「サブ1GHz」で20km以上の通信が可能

筆者はデジタル無線通信のハード面に疎いため、数字を挙げるのみになってしまいますが、データ伝送速度が「50kビット/秒」のときの受信感度は「−110dBm」、「0.625kビット/秒の」ときは「−124dBm」と、いずれも高感度。

そのため、「サブ1GHz」と言われる「315MHz」や「433MHz」「500MHz」「779MHz」「868MHz」「915MHz」「920MHz」の周波数帯域で、20kmを越える距離の通信が可能だとのことです。

1都市の中枢をすべてカバーする「センサ・ネットワーク」や「セキュリティ・システム」「スマート・グリッド」を支えるスペックを、充分に備えていると言えるでしょう。

省電力に特化するマイコンボード

■3つの「プロセッサ・コア」

「CC1310」には、3つの「プロセッサ・コア」が搭載されています。

メインは「ARM Cortex-M3」、無線通信を担当するのが「ARM Cortex-M0」で、これに「センサ・コントローラ」を構成する「16ビット・マイコン」が追加された構成です。

低消費電力を実現したポイントは、プロセスルールを「0.18μm」から「65nm」へと微細化したことや、独自開発の「センサ・コントローラ」、スイッチング方式の「DC/DC降圧変換コンバータ」などが挙げられるようです。

■「開発キット」も提供

「CC1310」には、「無線通信モジュール」や「開発キット」も提供されます。

テキサス・インスツルメンツの
純正開発キット「CC1310DK」

テキサス・インスツルメンツの提供する「CC1310DK」は、包括的な開発プラットホームで、価格は299米ドルとのこと。

テキサス・インスツルメンツの「IoT」市場向け超低消費電力マイコンと聞くと、アマチュアには手が出なそうな印象があるかもしれません。

しかし、開発キットの写真と価格をみてみると、案外さほどのコストを掛けずに試してみることも、難しくなさそうに思えてきます。

小型マイコンボードの現状

Raspberry Pi

「Raspberry Pi」はもともと、イギリスのラズベリー財団がコンピュータ教育を目的に製作したマイコンボードです。

いまや、Linux搭載マイコンボードの代表とも呼べる存在になりました。

＊

初代「Raspberry Pi」は、700MHzで駆動するARM11のシングルコアCPUと、250MHzで駆動する「Broadcom VideoCore IV」のGPUを搭載。

メモリは「256MB」「512MB」の2種類という、いまから見れば非力で素朴なプロセッサ構成でした。

その後、より強力なクアッドコア搭載の「Raspberry Pi 2」が登場し、ついに2016年、3代目となる「Raspberry Pi 3」が発売しています。

無線機能が強化された「Raspberry Pi 3」

「Raspberry Pi 2」と「Raspberry Pi 3」のスペックの違いは、p.26の表1のとおりです。

CPU、GPUが強化された代わりに、消費電力が「約1.5倍」に増えて、電源となるマイクロUSB接続に「2.5A」の電流量が必要になりました。

また、ユーザーにとって、大きな違いとなりそうなのは、これまで外部モジュールに頼ってきた「無線LAN」と「Bluetooth」が内蔵されたことです。

さらに小型の「Raspberry Pi」も

　これによって、ディスプレイ、センサ類、モバイルネットワークを取っ払った"裸のスマートフォン、タブレット"とでも言うべきハードが、約5,000円で手に入ることになります。

　ただ、初代がもともと「5V 700mA（3.5W）」で動いていたことを考えると、2代目で「5V 1.8A（9W）」、そして3代目で「5V 2.5A（12.5W）」と世代ごとに消費電力が2倍前後でアップしています。
　この動きは、段々と普通のPCに近づいてしまうようで、そこは寂しく感じる人もいるかもしれません。

＊

　電力消費について言えば、前述した「コイン型電池」で20年駆動する話とは、真逆の流れにあるわけです。

　とはいえ、「マウス」「キーボード」「センサ」はもちろん、「スマートフォン」や「タブレット」ともBluetoothなどでつなげられることになり、できることは飛躍的に広がったと言えるでしょう。

さらに小型の「Raspberry Pi」も

　また、日本では未発売ながら、「Raspberry Pi」にも小型サイズの「Raspberry Pi Zero」が登場しています。

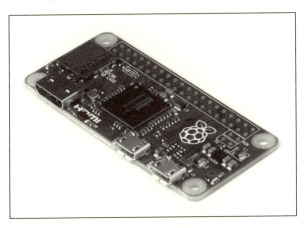

Raspberry Pi Zero

超小型マイコンの種類

　CPUは1GHz、メモリは700MBと「Raspberry Pi 3」に多少劣るものの、サイズは「65×30mm」と、「Raspberry Pi 3」の3分の2に収まっています。

　「Raspberry Pi」も、今後は用途によって細かくモデルを選ぶようになるのかもしれません。

表1　「Raspberry Pi 2」と「Raspberry Pi 3」のスペック比較

	Raspberry Pi 2 Model B	Raspberry Pi 3 Model B
メモリ	1GB DDR2 450MHz 低電圧 SDRAM	
CPU	900MHz クアッドコア Cortex-A7 ARM11 32bit	1.2GHz クアッドコア Cortex-A53 ARMv8 64bit
GPU	デュアルコア VideoCore IV 400MHz（3D 250MHz）	デュアルコア VideoCore IV 400MHz（3D 300MHz）
電源	Micro USB Bソケット 5V 2A / 2.54mm ピンヘッダ	Micro USB Bソケット 5V 2.5A / 2.54mm ピンヘッダ
最大消費電力	約9W	約12.5W
サイズ	85 × 56 × 17mm	
サポートOS	Raspbian (Debianベース)、Ubuntu MATE、Snappy Ubuntu Core、OpenELEC、OSMC、Arch Linux、PiNet、RISC OS、Windows 10 IoT Core	
イーサネット	10/100 Base-T RJ45 ソケット	
無線LAN	非搭載	IEEE 802.11 b/g/n 2.4GHz (Broadcom BCM43143)
Bluetooth	非搭載	Bluetooth 4.1, Bluetooth Low Energy (Broadcom BCM43143)
ビデオ出力	HDMI (rev. 1.4)、コンポジット 3.5mm 4極ジャック (PAL、NTSC)、DSI	
オーディオ出力	3.5mm 4極ジャック、HDMI（ビデオ出力と共有）、I2S ピンヘッダ	
USB	USB 2.0 × 4	
GPIO	40ピン 2.54mm ピンヘッダ (GPIO×26 3.3V 16mA、UART、I2C、SPI、I2S、PWM、5V（使用電源に依存）、3.3V 50mA（GPIOとの総和）)	
メモリカード・スロット	micro SD メモリ・カード (SDIO)	

小型マイコンボードを使った電子工作ガイド

第2章

ボード解説

ここでは、さまざまな種類がある「マイコン・ボード」の代表的なものを取り上げて解説します。

Raspberry Pi3
定番「シングルボード・コンピュータ」の最新機種　nekosan

「Raspberry Pi」の新機種、「Raspberry Pi3」が発売されました。
ここでは、旧世代のモデルと比較しながら、特徴を眺めてみます。

「Raspberry Pi3」の特徴

■ 変更の概要

「Raspberry Pi3」は、既存の「Raspberry Pi」との互換性を保ちながら、「処理能力の向上」や「無線通信機能を標準搭載」するなど、性能や機能が向上しています。

「無線通信機能」が搭載されたのは、特に大きな変更点と言えるでしょう。

これまでの機種では、「有線LAN」は選択肢にありましたが、「Raspberry Pi3」では「Wi-Fi」と「Bluetooth4.1」が標準搭載されています。

Raspberry Pi3

「Raspberry Pi3」の特徴

「Wi-Fi」「Bluetooth4.1」が用意されている

■ 入手方法

　発表されたのは「モデルB」(フル装備モデル)のみで、秋月電子通商やスイッチサイエンス、Amazonなどから購入が可能です。

　また、本体価格は5,000～6,000円程度となっています。

秋月電子通商 製品ページ
http://akizukidenshi.com/catalog/g/gM-10414/

Raspberry Pi3

スペック

■「CPUコア」と「メモリ」

　Broadcom社の協力で作られた、「Raspberry Pi3」用のSoC、「BCM2837」を搭載しています。

　このSoCは、「ARM Cortex-A53コア」を4つ内包し、64ビット命令に対応（ARMv8アーキテクチャ）しています。

　なお、「A53」は、現在販売されている最新型スマートフォンにも採用されています（「Sony Experia Z5」など）。

　RAM容量は、「Raspberry Pi2」と同じ「1GB」SDRAM）です。

■ 処理能力

　「BCM2837」は、最大「1.2GHz」で動作します。

　32ビットアプリの実行効率も改善されており、処理速度は、900MHzの「Raspberry Pi2」と比べて約1.5倍、700MHzの「初代」に比べると1コアあたり約2.5倍（4コア同時なら約10倍）に達します。

　また、GPUの動作クロックは250MHzから「400MHz」にアップし、グラフィック処理性能の向上も図られています。

■ 無線通信

　これまでの機種では、「無線通信」を利用する場合に、市販の「無線用USBドングル」などを利用する必要がありました。

　これに対し、「Raspberry Pi3」では、ボード上に無線通信用チップ「BCM43438」を標準搭載しており、「Wi-Fi」と「Bluetooth4.1」の通信が標準でサポートされます。

　なお、「Wi-Fi」「Bluetooth4.1」は、IoT用途の通信でも用いられる通信機能です。

　また、「Wi-Fi」の規格は「802.11n」で、「2.4GHz／5GHz」で利用が可能です。

互換性と利用シーン

■ コネクタ類、基板配置

　各端子や、ネジ穴の取り付け位置、サイズは、「Raspberry Pi モデル B+」「Raspberry Pi2 モデル B」から変更ありません。

　基板の外形も、今までどおりです。

　ただし、「LED」や一部の「ジャンパー」の位置が変更されています。
　特に、「LED」の位置に合わせて穴あけ加工された既存のケース類は、「LED」が外から見えなくなるなどの支障があるかもしれません。

■ 消費電力

　「Raspberry Pi2」の消費電力は4.5W（900mA）ですが、「Raspberry Pi3」はCPUやGPUの高速化、無線通信機能の搭載によって、必要な供給電力は「12.5W」（2.5A）と大きく上昇しています。
　このため、既存の電源アクセサリは流用できない可能性があります。

　　　※一般のACアダプタやモバイルブースタは、10W（2A）出力のものが多い。

■ 既存機種との比較

　既存機種のスペックと比較して、違いを眺めてみましょう（表1）。

　「CPU」「GPU」については、コアのアーキテクチャの変更や、動作クロックの向上によって、処理能力がアップしていることが分かります。
　Raspberry Pi財団からのアナウンスによると、これは主に、教育用コンピュータのような「デスクトップPC用途」の利便性向上を念頭に置いた改良とのことです。

　　　　　　　　　　　　　＊

　また、「無線通信機能」については、外付けの部品などが必要ないので、ハードの相性によるトラブルを避けられます。

Raspberry Pi3

さらに、追加の機器が不要なぶん、全体として安上がりに利用できるメリットもあります。

＊

「グラフィック処理能力」についても、3D処理能力を多用するのでなければ、主流のスマートフォンやタブレットでWebブラウザを操作するのと、同程度のレスポンスが得られるようです。

■「Raspberry Pi3」と既存機種の使い分け

このように、「Raspberry Pi3」はデスクトップ用途のための性能と機能を向上することに力を入れており、そのぶん消費電力は増大しています。

そのため、旧機種から完全に乗り換えるためのモデルチェンジではないようです。

簡単に言うと、「Raspberry Pi3」は主にデスクトップ用途を快適に使うために利用し、「Raspberry Pi2」はもう少し消費電力を抑えたい用途に使えると言えます。

そして、それらを使って開発を行なった後は、省電力な「Raspberry Pi A+」を現場に配備…という具合に、利用シーンによって使い分けることを、「Raspberry Pi財団」は提唱しています。

＊

そこから考えると「Raspberry Pi3」は、IoT用機器としての「実用機」の用途、または開発技術をトレーニングするための「性能向上版の練習機」という意味が強いようです。

当面は、これらの機種は充分な流通量が見込めると思うので、用途に応じて使い分けるといいでしょう。

利用できるOS

■「Raspbian」と「NOOBS」

「Raspberry Pi3」の発表に合わせて、「Raspbian OS」や「NOOBS」[※]の新しいイメージが公開されています。

※任意のOSを選択してセットアップできるインストール用イメージ。

利用できるOS

現在のところ、「Raspbian OS」はまだ「32ビット版」だけが公開されています。

「64ビット版」については、その有用性や互換性などの精査が行なわれている最中です。

■ 既存の「Raspbian OS」イメージの流用

「Raspberry Pi2」以前で使っていたSDカードのOSイメージは、旧機種側で「apt」コマンドから最新状態に更新しておくと、SDカードを挿し換えるだけで、「Raspberry Pi3」でもそのまま起動できます。

■ その他OS

その他、「Windows10 Core IoT」「Arch Linux」「RISC OS」といった既存OSも、すでに「Raspberry Pi3」に対応しています。

さらには、デスクトップやサーバ機用としても人気のある「Ubuntu MATE」「CentOS」といったOSも、「Raspberry Pi3」をサポートしています。

処理能力が向上しているぶん、これらのOSも比較的快適に扱うことが可能と思われます。

表1 「Raspberry Pi」新旧機種の比較

機種名	Raspberry Pi 3	Raspberry Pi 2	Raspberry Pi A+
CPU (SoC)	BCM2837	BCM2836	BCM2835
アーキテクチャ	ARMv8	ARMv7	ARMv6
CPUコア	CortexA53 (64bit)	CortexA7 (32bit)	ARM11 (32bit)
コア数	4	4	1
動作クロック	1.2GHz	900MHz	700MHz
メモリ量	1GB	1GB	256MB
GPUクロック	400MHz	250MHz	250MHz
有線LAN	1	1	0
USB端子	4	4	1
無線LAN	1	0	0
Bluetooth4.1	1	0	0
電源 (電流)	2.5A	0.9A	0.2A

Arduinoとその他の「開発ボード」
「Arduino」でプロトタイピング

arutanga

初心者でも簡単に使える「小型マイコンボード」として普及が進む、「Arduino」について紹介します。

「Arduino」とは何か

■ハードとしての特徴

「CPU」「メモリ（RAM/ROM）」「I/O」「データ記憶用のEEPROM」「クロック発振回路」などが1チップに収められた、Atmel社の「AVR」マイコン。

これを手軽に扱うことのできるハードとソフトの組み合わせが、「Arduino」です。

＊

「Arduino」は、学生向けのロボット開発用のコントロールデバイスを、より安価に提供することを目的に、イタリアにおいて開発されたプラットフォームです。

2005年に開発と販売をスタートし、他の競合製品よりもはるかにコストパフォーマンスに優れ、かつ簡単に使えるプラットフォームとして話題になりました。

現在は、全世界で70万台以上が販売され、非公式のクローンについても同数以上が販売されていると予測されています。

「Arduino」のベーシックモデル
「Arduino Uno」

＊

「Arduino」基板は、「AVR」マイコンのI/Oピンのほとんどをそのまま解放しています。

「Arduino」とは何か

　「Arduino」の主要モデルでは、14本の「デジタルI/Oピン」が利用可能です。
　そのうち6本は、「パルス幅変調信号」を生成でき、他に6本の「アナログ入力」(デジタルI/Oピンとしても使用可能)があります。

　これらの入出力ピンは、基盤の端のコネクタに集約されており、その位置が決まっているので、これに適合する「シールド」と呼ばれる拡張機能を与える基板も、数多くリリースされています。

＊

　「Arduino」の公式のシールドとしては、次のような拡張機能をもつものがあります。

・GSM（第2世代携帯電話：2G）
・イーサネット
・Wi-Fi
・ワイヤレスSD
・ホストUSB
・モータコントローラ
・XBee

　また、シールドではありませんが、ウェアラブルに特化した「Arduino」として、「LilyPad Arduino SimpleSnap」という製品もあります。

LilyPad Arduino SimpleSnap
衣料用のスナップ留め具を、入出力端子として備える。

　また、「Arduino」のハード設計は、「Creative Commons Attribution Share-Alike 2.5」ライセンスで提供される「オープン・ハードウェア」となっています。

Arduinoとその他の「開発ボード」

■ソフトとしての特徴

「Arduino」には「Arduino IDE」と呼ぶ統合開発環境が用意されています。

これはクロスプラットフォームのJavaアプリケーションであり、「エディタ」「コンパイラ」「基板へのファームウェア転送機能」などを含んでいます。

＊

「Arduino」のソフトは、「Arduino Programing Language」を用いて記述します。

この言語は、C言語風の構文で、ソフト開発に不慣れなアーティストでも、容易にプログラミングできるよう設計されています
(なお、「Arduino」ではプログラムを「スケッチ」と呼びます)。

Arduino IDE

たとえば、単純にLEDを点滅させる「blink」というスケッチの記述は、以下のようになります。

```
#define LED_PIN 13

void setup () {
    // 13番ピンをデジタル出力に設定する
    pinMode (LED_PIN, OUTPUT);
}

void loop () {
    // LEDを点灯する
    digitalWrite (LED_PIN, HIGH);

    // 1秒待機する(1000ミリ秒)
    delay (1000);

    // LEDを消灯する
    digitalWrite (LED_PIN, LOW);

    // 1秒待機する
    delay (1000);
}
```

「Arduino」の種類

スケッチは「gcc」の正しいソースコードではありませんが、ユーザーがマイコンボードに書き込む際に、「Aruduino IDE」によって必要な修正が施された、正しいコードに変換されます。

また、「Arduino IDE」を使わずに、「gcc」を利用してコンパイルし、手動でプログラムをアップロードすることもできます。

「Arduino」の種類

オリジナルのArduinoハードは、「Arudino SRL」が製造しています。

以下に、一例を紹介します。

●Arduino Uno

「マイクロ・コントローラ」として「ATmega328」を使う、最もベーシックなハード。

●Arduino Due

32ビットの「Atmel SAM3X8E」(Cortex-M3, 84MHz)を使った、「Arduino Mega2560」フォームファクタの発展モデル。

フラッシュメモリを「512KB」、SRAMを「96KB」搭載しています。

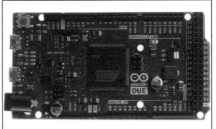

●Arduino Leonardo

「ATmega32U4」を使った、「Arduino UNO」の廉価版。

Arduinoとその他の「開発ボード」

●Arduino Mega 2560

表面実装された「ATmega2560」を利用。

フラッシュメモリサイズは「256KB」です。

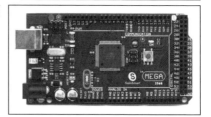

●Arduino Mega ADK

「ATmega2560」をベースモデルとして、チップを追加して「Android OS」を搭載したモデル。

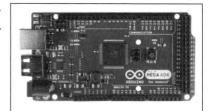

●Arduino Micro

「ATmega32U4」を使用した小型版で、「Arduino Leonardo」と同等の機能をもちます。

●Arduino Mini

「ATmega168」を使った小型版。
ブレッドボードに接続できます。

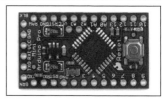

●Arduino Nano

「USBインターフェイス」(ミニBコネクタ)を装備した小型版。

「マイクロ・コントローラ」として、「ATmega168」使用のものと、「ATmega328」使用のものがあり、ブレッドボードに接続できます。

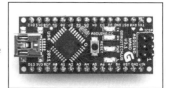

Arduinoの互換ボード

●Arduino Ethernet

「Arduino UNO」にチップを追加して、「イーサネット接続機能」を統合したモデル。

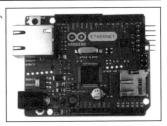

●Arduino BT

「ATmega168」を利用する、「Bluetoothインターフェイス」を装備したモデル。

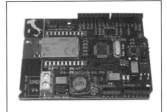

●LilyPad Arduino

ウェアラブルな用途に特化したモデルです。

花びらように見える端子の穴に、導電性の糸を通して、衣服などに縫いつけて、回路を構成できます

Arduinoの互換ボード

●Intel Galileo

インテルの「Galileo」は、Arduinoに公式に承認された、「インテルx86アーキテクチャ」を元にしたマイコンボード。

「Arduino」のシールドに対応しており、「Arduino IDE」とライブラリを流用できます。

また、「Arduino」と同様にスケッチを実行できます。

「Galileo」は、「IoT」や「ウェアラブル・コンピュータ」を対象に開発されたCPU、「Quark」を搭載しています。

Arduinoとその他の「開発ボード」

●Intel Edison

インテルの「Edison」は「IoT」デバイス向けのマイコンボード。

「SDカード」大の超小型ボードですが、デュアルコアの「Intel Atom 500MHz」を搭載しており、1GBのメモリ、「Bluetooth」と「Wi-Fi」を備えています。

開発言語として「Wolfram」と「Mathematica」使用でき、「Linux」も実行可能です。

その他のモデルとして、「Intel Edison kit for Arduino」も発売されています。

●SainSmart Uno

「SainSmart」は、日本のAmazonにショップをもつ基板開発元です。

「Arduino UNO」の同等品ですが、千円以下と非常に安価で入手可能です。

●SainSmart Mega 2560

名前の通り、同じ「SainSmart」が製造する「Arduino Mega 2560」の互換品。

■クローン製品も

このほかにもノーブランドの非常に安価な互換ボードが、主に中国製で出回っているようです。

コピー元のモデルとしては「Uno」はもちろんのこと、「Nano」「Pro Micro」「LilyPad」などがあります。

これらの「Arduinoクローン」は、「オープン・ハードウェア」である以上、どれも完全に合法な製品となっています。

mbed
マイコンの開発環境を身近にするプラットフォーム　某吉

「ラピッド・プロトタイピング」が可能な「マイコンボード開発環境」のプラットフォームとして「mbed」があります。
最近の「小型マイコンブーム」の一翼を担う存在であり、マイコンの開発環境を身近にするプラットフォームでもあります。

「mbed」とは？

「mbed」は、ARM社が提供している開発環境で、①32bit ARMプロセッサを搭載した「マイコンボード」と、②Webサイト上で利用できる「オンライン・コンパイラ」、③そして開発を簡略化する「SDK」などが揃う環境です。

mbed LPC1768

開始当初は、マイコンボードに「サイト使用ライセンス」が付属していて、サイトの利用が可能になる仕組みでしたが、現在では無償で自由に利用できるようになっています。

「mbed環境」の特徴

「mbed環境」の特徴としては、①Web上でプログラミングが完結し、②「バイナリ・ファイル」としてプログラムをダウンロード。③マイコンボードのリセット時に「書き換えモード」にすることで、「ファイル」を「USBドライ

mbed

ブ」に移すように、ドラッグ＆ドロップでプログラムメモリの書き換えができます。

*

以前は、「マイコンボード」の「開発環境」を構築するのは簡単ではありませんでした。

プロセッサの対応次第ではアセンブラしか選択できないなど、困難なものでした。

*

「mbed」では、「C++」による比較的モダンな開発が可能な環境になっていて、しかもダウンロードせずに、「オンライン」での利用が可能なので、マイコンでの開発で多くの労力を割くような環境構築という負担を低減させることができ、プログラミングや開発に専念できるようになります。

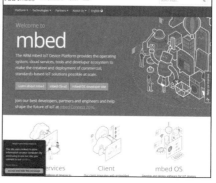

https://www.mbed.com/en/

数多くの「mbed対応」ハードウェア

「mbed環境」に対応していることが認められているマイコンボードには「mbed Enabled」というマークが表示されています。

そのマークが表示されているマイコンボードは複数のメーカーからリリースされていて、搭載されているマイコンチップも複数の半導体メーカーが開発しています。

mbed Enabledマーク

それは、ARM社がプロセッサの設計を行なうメーカーであり、実際にプロセッサ機能を利用して、チップとして製造するメーカーが複数あるためです。

そのため、「mbed」で利用できる「マイコンボード」はバリエーションが豊富で、それぞれ違った特徴をもっています。

環境は比較的オープンで、雑誌の付録であったようなマイコンボードも登録されています。

高性能なマイコンボードが揃う環境

「mbed」のマイコンボードに搭載されているプロセッサは「32 bit」で、プラットフォームの中でいちばん性能が低い「Cortex-M0」であっても、ある程度の性能があります。

*

「Cortex-M0」の特徴は、ゲーム機で使われている「ARM7TDMIプロセッサ」をベースに、消費電力を抑えるような改良を加えたプロセッサになっています。

*

「mbed」でも、高性能なものでは接続インターフェイスや機能が豊富で、「USBホスト」や「イーサネット」「カメラからの映像入力」などが利用可能です。

「mbed」開発環境が使える「GR-PEACH」

オンライン・コンパイラの魅力

「mbed」には、コンピュータに「開発環境」をインストールせずにすぐに開発を始めることができる、「コンパイラ」のオンラインサービスがあります。

コンパイラで利用できるワークスペースにはバージョン管理の要素も搭載されています。

オンライン・コンパイラ

開発中、すぐに過去のバージョンとの比較ができ、効率的な開発にできます。

*

「ソースコードの管理機能」では、利用した複数人での共同開発や、「ライブラリ」や「SDK」などのバージョン管理も可能です。

共同でプロジェクトをメンテナンスすることや、ライブラリの更新なども簡単にできるようになっています。

mbed OS 5

「mbed」には、現在のすべてのmbedマイコンが対応している「mbed OS 2」と、「IoT」に対応した「mbed OS 5」があります。

マイコンには避けて通れないブームとして「IoT」があります。

「IoT」は、「インターネット」と「モノ」をつなぐことで、「インターネット」

または「現実世界」が便利になる、という仕組みです。

マイコンがメインではない限り、コストを下げるために安価なマイコンであることが望ましいところです。

しかし、安価で小規模なマイコンはプログラムメモリが少なく、さまざまな処理が必要なインターネット接続は難しいということが言えます。
また、そのようなプログラムをイチから開発するのは簡単ではありません。

*

「mbed」では、「mbed OS 5」として、ネット接続に必要な機能をOSにもたせることにしました。
ネットワークの基本ライブラリ開発など、対応が難しい部分のユーザー開発負担を「mbed OS 5」では軽減させることができます。

その一方で、「mbed OS 5」は規模が大きいので、対応するマイコンボードはメモリサイズが大きいものに限られていることに注意が必要です。

https://developer.mbed.org/

Linuxの動作しないマイコンとIoT

現時点では、「Raspberry Pi」のような例外的なボードを除いて、Linuxが動作するようなマイコン環境やボードは決して安価ではありません。

一方で、マイコンにはIoTへの対応が求められています。単にネットにつながるだけではなく、なるべくであれば自由にインターネットと通信できる環境が望ましいとも言えます。

「mbed」は、これからのIoT開発に必要な環境の1つと言えます。

PanCake
「IchigoJam」の拡張キット　Natural Style

「BASIC」が使える小型パソコン「IchigoJam」の拡張キットである「PanCake」の概要と使い方を紹介します。

「PanCake」とは

　「IchigoJam」(イチゴジャム)は、「モニタ」「キーボード」「電源」を接続するだけで、BASICプログラミングの環境が整う「小型のパソコン」です。

　シンプルで安価なため、プログラミング入門にうってつけですが、基本的に「文字列」しかモニタに出力できません。

　しかし、拡張キットとなる「PanCake」(パンケーキ)を使えば、各種の幾何学模様や画像を描画できるようになります。

　また、サウンド面についても、「Music Macro Language」(MML)を用いて記述された楽曲を、再生できるようになります。

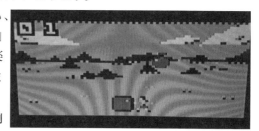
「PanCake」で作ったゲームの例

「IchigoJam」と「PanCake」のセットアップ

　「PanCake」には、①自分でプリント基板にハンダ付けを行なう「組み立てキット」(1,620円、税込)と、②ブレッドボード上に組み立てていく「ブレッドボードキット」(2,000円、税込)があります(組み立て自体の難易度は低めです)。

　また、そのほかに③組み立てずみの「完成品」(2,160円、税込)が販売されています。

*

「PanCake」を制御するプログラム

「PanCake」と接続する「IchigoJam」も、複数種類のキットが販売されていますが、中でも「IchigoJam U」はピン・ソケットで「PanCake」と接続できるので、コンパクトにまとまります。

「IchigoJam U」と接続した「PanCake」

ピン・ソケットで接続しない場合は、ジャンパ・ワイヤなどを使って、「IchigoJam」のTXDポートと「PanCake」のRXDポートを接続します。

「IchigoJam」に「モニタのビデオ端子」「キーボード」「電源」をつなぎ、「PanCake」にもう1台の「モニタのビデオ端子」と「音声端子」を接続します。

これでプログラミングの準備は完了です。

セットアップされた「IchigoJam」と「PanCake」

モニタは「IchigoJam」用(プログラミング用)と「PanCake」用(グラフィック描画用)の、2台を用意できると理想的です。

しかし、1台のみでも、プログラムを実行する段階で端子を付け替えればいいので、支障はありません。

「PanCake」を制御するプログラム

「PanCake」を制御するには、次のようなプログラムを用いて、テキスト・コマンドを実行します。{COMMAND}がコマンド名、{...}が引数です。

```
?"PANCAKE {COMMAND} {...}"
```

*

「PanCake」には、「グラフィック」や「サウンド」に関する、さまざまなコ

PanCake

マンドが用意されています。

以降で、その一部を紹介します。

グラフィック

■ LINEコマンド

「LINE」は、指定した2点間に直線を描画するコマンドです。

```
?"PANCAKE LINE x1 y1 x2 y2 cn"
```

「x1」「y1」が始点の座標、「x2」「y2」が終点の座標、「cn」は直線の色番号に対応します。

なお、引数はすべて「2桁の16進数」で記述する点に注意してください。

たとえば、座標[0,0]から座標[80,45]に向けて、「赤色(色番号＝2)の直線」を描画するプログラムは、次の通りです。

```
?"PANCAKE LINE 00 00 50 2D 02"
```

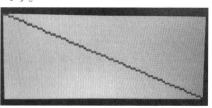

プログラムの実行結果

※「色」と「色番号」の対応については、公式サイト(後述)を参照。

■ SPRITEコマンド

「SPRITE」は、スプライト処理を行なうコマンドです。

「START」でスプライト処理を開始し、「CREATE」でスプライトを生成、「MOVE」でスプライトの位置を決定します。

引数は、すべて「2桁の16進数」で記述します。

```
?"PANCAKE SPRITE START in"
?"PANCAKE SPRITE CREATE sn si"
?"PANCAKE SPRITE MOVE sn px py"
```

グラフィック

「START」の後に続く引数「in」は、背景の画像番号です。

※以降、画像と画像番号の対応については、公式サイト(後述)を参照。

「PanCake」に組み込まれている画像を用いる場合には、「HighBits」に0、「LowBits」に画像番号を指定します。

背景を単色にする場合は、「HighBits」を1、「LowBits」に色番号を指定します。

「CREATE」の後に続く「sn」は、スプライトの番号で「00〜0F」まで指定できます。

「si」は、組み込むスプライト画像番号です。

「MOVE」の後に続く「sn」は、「CREATE」で用いた「sn」と同じスプライトの番号です。

「px」「py」には、スプライトの座標を指定します(起点はスプライトの左上です)。

＊

たとえば、以下のプログラムで「宇宙にパンケーキが浮かんでいる」場面を描画できます。

```
?"PANCAKE SPRITE START 06"
?"PANCAKE SPRITE CREATE 00 7E"
?"PANCAKE SPRITE MOVE 00 25 11"
```

プログラムの実行結果

スプライト処理が行なわれている間は、「LINE」コマンドなどの他の描画ができないことに注意してください。

スプライト処理を終了するには、「SPRITE START」コマンドの引数に、「FF」を指定します。

PanCake

サウンド

「PanCake」には、「00番」から「03番」までの、4つのサウンド・チャンネルが用意されており、それぞれのチャンネルに音を指定して鳴らすことができます。

■ SOUNDコマンド

「SOUND」は、4チャンネルすべての音を指定するコマンドです。引数は、すべて「2桁の16進数」で指定します。

```
?"PANCAKE SOUND o0 s0 o1 s1 o2 s2 o3 s3"
```

「o0〜o3」に、オクターブ(00〜07)を指定します。

「s0〜s3」の「HighBits」に、音色番号(0〜3)を、「LowBits」に音程(0〜B)を指定します。

なお、「E」を指定するとノイズ音になります。

※音色と音色番号の対応は、公式サイト(後述)を参照。

チャンネル0の音は「o0」と「s0」、チャンネル1の音は「o1」と「s1」……という具合に指定します。

音を止める場合は、「s0〜s3」に、「FF」を指定します。

■ MUSICコマンド

「MUSIC SCORE」は、各チャンネルに「MML」を登録したり、登録した「MML」を再生したりするコマンドです。「mm」以外の引数は、「2桁の16進数」で指定します。

```
?"PANCAKE MUSIC SCORE ch pn tt mm"
```

「ch」には、チャンネル(00〜03)を、「pn」には、再生のタイミングを指定します。

「01」ですぐに再生、「00」で後述する「MUSIC PLAY」コマンドを実行し

たときに再生します。

　「tt」は、テンポと音色を指定します。HighBitsがテンポ(0〜F)、LowBitsが音色の番号(0〜3)です。

　「mm」には、「MML」を記述します。「MML」の長さは最大で「64note」です。

　　※記法については「readme」(後述)を参照。

バイナリコマンド

　「PanCake」のグラフィックやサウンドを動的に変化させたい場合は、「バイナリ・コマンド」を使うのがいいでしょう。

　「バイナリ・コマンド」は、「テキスト・コマンド」と同じ働きをしますが、引数に変数を使えるというメリットがあります。

　　※「バイナリ・コマンド」の使い方については「readme」(後述)を参照。

　「PanCake」の公式サイトには、コマンドリファレンスや説明書である「readme」のほか、「色番号」や「組み込み画像番号」などの詳細が公開されています。
　「PanCake」を使う際には、大きな助けになるでしょう。

　その他に、サンプルゲーム「りんごをさっちゃん」のソースコードも公開されています。

| http://pancake.shizentai.jp/ |

＊

　「PanCake」および「IchigoJam」の各種キットについては、プログラミングクラブネットワークの公式サイトで販売されています。

| http://pcn.club/ |

51

GR-COTTON
ハイパワーな「円形マイコンボード」 nekosan

半導体メーカーのルネサスから、円形の小型マイコンボード「GR-COTTON」が登場します。
ここではサンプルを借りて、試用してみました。

「GR-COTTON」の概要

■「がじぇるね」シリーズの小型ボード

「GR-COTTON」は、ルネサスの小型マイコンを提供するプロジェクト、「がじぇるね」シリーズから提供される、円形の小型マイコンボードです。

```
GR-COTTON
http://gadget.renesas.com/ja/product/cotton.html
```

Arduinoの環境を踏襲しており、似たようなArduino製品として「LilyPad Arduino」というものもあります。

しかし、ボード上に載っている機能は多彩で、省電力な16ビットCPUも搭載しています。

外観は「LilyPad Arduino」によく似ている

なお、「がじぇるね」シリーズでは、これまでに「GR-SAKURA」や「GR-KAEDE」といった、さまざまなサイズのマイコンボード製品もリリースされています。

興味のある人は以下のURLを参照してください。

```
がじぇっとるねさす公式ページ
http://gadget.renesas.com/ja/index.html
```

■ 低消費電力の16ビットCPU

　メモリ容量は、プログラムメモリが「256KB」、RAMが「20KB」と、「Lily Pad Arduino」などの8ビット版Arduinoに比べても大容量です。

■ ボード上の搭載機能

　また、「RGBフルカラーLED」「タクトスイッチ」「タッチセンサ」といった入出力機能や、「USB-シリアル変換IC」が搭載されています。

　microUSBケーブル1本だけで、PCと接続したり、各機能意を利用できます。

　また、CPUには「温度センサ」が内蔵されています。

■ 「ボタン電池」でも長時間動く

　電源回路は、外部電源だけでなく、ボードに搭載した「高効率DC/DCコンバータ」を使い、「ボタン電池」（CR2032）でも長時間駆動できます。

　また、Arduino言語に、「省電力用命令」が用意されていることも特徴的です。

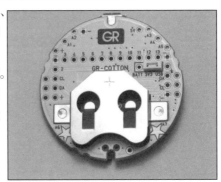

裏面の「ボタン電池ソケット」

開発環境と言語

■ Arduino言語でプログラミング

　これまでの「がじぇるね」シリーズでは、「Arduino言語」や「クラウド開発環境」を利用することができますが、「GR-COTTON」でもこれを踏襲しています。

　そのため、「がじぇるね」はもちろん、「Arduino」を触ったことがある人なら、違和感なくプログラムを書けるでしょう。

　「シリアル・モニタ」などの機能も、従来のArduinoと同じように利用できます。

GR-COTTON

また、Windows用のローカル開発環境（暫定版）も用意されており、ネットに接続できない場合でも開発が可能です。

使い方

■ クラウド環境にアクセス

公式サイトから、「がじぇるね」の開発環境サイトにアクセスすると、クラウド上の開発環境が利用できます。

「とりあえず動かしてみたい」という場合は、「ゲストログイン」でも、フルスペックの開発環境を使うことが可能です。

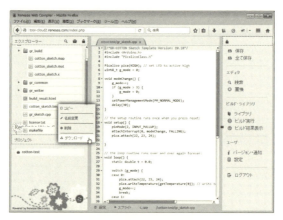

クラウド環境の開発画面

■「テンプレート」が利用できる

プログラム用の「テンプレート」が用意されており、これを使えば、簡単にプログラムが作れます。

プログラムを書いたら、右側の「ビルド実行」をクリックすると、実行ファイルが生成されます。

これをPCにダウンロードして、「KurumiWriter」というソフトで「GR-COTTON」に書き込みます。

書き込んだスケッチは、電源を切っても保存されているので、USBケーブルを切り離して、ボタン電池を入れると、動き出します

使ってみた印象

　Arduino言語に慣れている人にとっては、「小型で大容量のArduino」として利用できると思います。

　「フルカラーLED」や「タクトスイッチ」「タッチセンサ」などが搭載されてて、単体でもいろいろな動作が可能です。
　たくさんの「GPIO端子」を利用することもでき、「センサ」や「表示装置」などを取り付けて、もっと多彩な動作をさせることもできます。

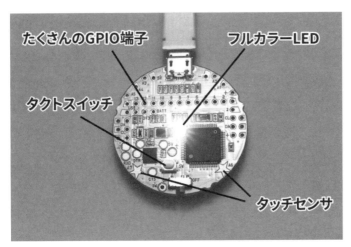

ボード上のギミック

　「GR-COTTON」も、「LilyPad Arduino」のように、衣服などに取り付けて使うなど「アート作品」への用途を意識しているようです。

　「LilyPad Arduino」は少し動かすだけでも、いろいろな周辺機を揃える必要がありましたが、「GR-COTTON」はボード上に最初から何でも揃っている状態です。

　また、「ボタン電池」でも長時間動かせるような仕組みや、「大容量メモリ」を搭載したことで、表現力の自由度も大幅に高まっていると感じます。

Arduino GROVE
多彩な「センサ」「アクチュエータ」を手軽に試す　大澤 文孝

> ソフト開発者が、マイコン電子工作を始めたときに、まず困るのが、「センサやアクチュエータを、どのようにつなげばよいか」という点です。
> 「LED」ぐらいなら、「デジタル出力端子」に「電流制限の抵抗」を経由して接続すればいいのですが、いろいろやろうとすると、とたんに敷居が高くなります。
> そうしたときに、「直結できれば楽なのに」と、いつも思います。
> こうした「直結」を実現するのが、「GROVEシステム」です。

コネクタ1本で「センサ」や「アクチュエータ」を接続

　「GROVEシステム」は、「センサやアクチュエータ」と「マイコン」とを、コネクタ1本で接続するシステムです。

　中国のSeeed社（https://www.seeedstudio.com/）によって製造されており、国内では、スイッチサイエンス社などで購入できます。

＊

　今回、試用したのは、「GROVEスターターキットV3」です。

　これは、「Arduinoシールド」と、いくつかの「センサ・アクチュエータ」がセットになったものです。

> ※「スタータキット」には、「Arduino」本体は含まれない。
> 別途、用意する必要がある。
> ※GROVEシステムには、Raspberry Piで使える「GrovePi+」という製品もある。

■ Arduinoシールド

　「Arduinoシールド」には、**図1**のようにたくさんのコネクタがあり、ここに各種「センサ」や「アクチュエータ」を接続します。

　「アナログが4本」「デジタルが8本（うち1本UART）」「I2Cが4本」のセンサの接続端子があります。

コネクタ1本で「センサ」や「アクチュエータ」を接続

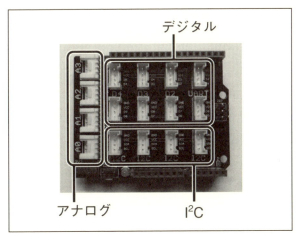

図1　GROVEのArduinoシールド

■ 各種センサとアクチュエータ

「GROVEシリーズ」には、たくさんのセンサが提供されています。

今回、試用したスタータキットには、その一部となる、次のものが含まれています（図2）。

図2　各種「センサ」

①音センサ
②LED
③ブザー
④LCDモジュール
⑤温度センサ
⑥Cds（光センサ）
⑦ボタンスイッチ
⑧リレー
⑨ボリューム
⑩タッチセンサ
⑪サーボモータ

Arduino GROVE

「GROVE」には、これ以外の「センサ」や「アクチュエータ」もあり、別売で購入できます。

一般的なセンサの他、「8×8のLEDマトリックス」「MP3プレーヤー」「カメラ」「BLEモジュール」など、少し凝ったモジュールもあります。

「Lチカ」からはじめよう

「GROVEシステム」は、サンプルのプログラムも提供されているので、使うのはとても簡単です。

　　＊

サンプルは、下記の「Github」から入手できます。

https://github.com/Seeed-Studio/Sketchbook_Starter_Kit_for_Arduino

　　＊

まずは、「Lチカ」から始めましょう。

■「スイッチ」と「LED」を接続する

「GROVE」に、「スイッチ」と「LED」を接続します。

　　＊

ここでは、図3のように、「デジタル3」と「デジタル7」に接続しました。

図3
スイッチとLEDを接続した例

■「プログラム」を作る

「GROVE」を使ったプログラムが、Seeed社から提供されているので、それをダウンロードして試せます。

…といっても、「GROVE」自体で何か特殊なことをしているわけではなく、普通の「Arduino」のプログラムと、まったく変わりません。

「ボリューム」で「サーボモータ」を回す

　図3のように、「デジタル3に接続されたスイッチ」のオンオフで「デジタル7に接続されたLED」のオンオフを制御するには、**リスト1**のようにします。

　実際GROVEは、「電源＋」「電源－」「信号線1」「信号線2」の4本の接続をするだけです。「プロトシールド」という基板を使うと、自分でモジュールを作ることもできます。

リスト1　スイッチでLEDをチカチカさせるサンプル
```
void setup() {
  // デジタル3を入力に
  pinMode(3, INPUT);
  // デジタル7を出力に
  pinMode(7, OUTPUT);
}

void loop() {
  // デジタル3を読み
  int sw = digitalRead(3);
  // デジタル7に設定
  digitalWrite(7, sw ? HIGH : LOW);
  delay(10);
}
```

「ボリューム」で「サーボモータ」を回す

　こんどは、「サーボモータ」を使ってみましょう。
　ここではアナログの「ボリューム」を接続し、「ボリューム」を左右に動かすと、その動きと同じように、「サーボモータ」が動くようにしてみます。

　同梱の「サーボモータ」は、「デジタル出力」につなぐことができます。
　図4のように「ボリューム」を「アナログ0」に、「サーボモータ」を「デジタル3」に接続しました。

＊

　「サーボモータ」を制御するには、「Arduino」の「Servo library」を使い

Arduino GROVE

ます。

リスト2のプログラムを実行し、「ボリューム」を左右に回すと、それに伴って、「サーボモータ」が左右に回ります。

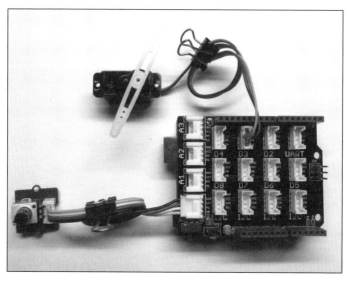

図4　ボリュームでサーボモータを回す

リスト2　サーボモータを動かす例

```
#include <Servo.h>

Servo myservo;

void setup() {
  // サーボはデジタル3
  myservo.attach(3);
}

void loop() {
  // ボリュームの値を読む
  int val = analogRead(0);
  // 0〜1023の値を、0〜180度に変換
  val = map(val, 0, 1023, 0, 180);
  // サーボを回転
```

```
    myservo.write(val);
    delay(10);
}
```

「液晶モジュール」に「文字」を表示する

最後に、「液晶モジュール」に「文字」を表示する例を示しましょう。

＊

本来なら、「液晶に文字表示する」には、「液晶モジュール」のコマンドを、1つ1つ「I²C」に送り込む必要があるのですが、「GROVE」では、「液晶制御用」の「ライブラリ」が提供されているので、とても簡単です。

図5のように「I²C端子」に「液晶」を接続し、**リスト3**を実行すると、「文字」が表示されます。

> ※「I²C端子」は、同一線上に並行して配線されているので、どこに接続してもかまいません。
> 「GROVE」の「I²Cハブ」というモジュールを使うと、「増設」することもできます。

図5 液晶に文字を表示する例

Arduino GROVE

リスト3　液晶に文字を接続する例

```
#include "rgb_lcd.h"

rgb_lcd lcd;


void setup() {
  // 初期化
  lcd.begin(16, 2);
  // 背景色の設定
  lcd.setRGB(0, 255, 255);
  // 文字表示
  lcd.print("Hello, World!");
}

void loop() {
}
```

豊富なセンサで実用的な電子工作もできる

　「GROVE」の魅力は、「センサやアクチュエータをつなぐだけ」「電子工作の知識不要」「半田付けもブレッドボード工作も必要ない」という手軽さです。

*

　それだけではありません。
　提供されているセンサが豊富なため、実験や学習に留まらず、実用的な電子工作ができるのも魅力です。

　たとえば、別売の「センサ」として、「水分センサ」があります。
　これを「植木鉢」に挿すと、土が乾いたことを知ることができます。
　また「水センサ」は、濡れると「オン」になるので、「雨降りセンサ」として使えます。

*

　こうした「センサ」を使えば、アイデア次第で、さまざまな「電子工作」が手軽にできるはずです。

ちょっとすごいロガー
4つのセンサを搭載したデータロガー

軽くて小さいデータロガー、「ちょっとすごいロガー」がスイッチサイエンス社から販売されました。
ここではサンプルを使って、どういったものなのか、どのようなことに使えるのかなどをレポートします。

「ちょっとすごいロガー」とは

■「すごく」小さくて軽い

「ちょっとすごいロガー」(NinjaScan-Light)は、「SDカード」ほどの小さな基板に、センサをたくさん搭載した、データロガーです。

「ちょっとすごいロガー」と「GPSアンテナ」

このロガーをPCにつなげば、センサのデータをGUI画面に表示できます。
また、microSDカードにセンサのデータを記録することも可能です。

ちょっとすごいロガー

　本体のサイズは「36×26mm」、重さは全体で「13グラム」と、きわめて小型軽量です。

　そのため、ドローンなどに搭載して、情報を収集することも容易でしょう。（名前の「すごい」は、この小ささと軽さに由来するようです）。

■搭載している「センサ」と機能

　「ちょっとすごいロガー」には、

・9軸モーションセンサ
・気圧センサ
・温度センサ
・GPS

が搭載されています。

　「9軸モーションセンサ」は、マルチコプターなどの「ドローン」でも利用されているセンサで、姿勢（重力や加速度の向き、回転方向、地磁気による方角）を、それぞれ3軸方向ぶんずつ検知できます。

　「気圧センサ」は、地表の気圧との比較によって「高度」に変換することもでき、「GPS」は地球上での位置を正確に知ることができます。

　また、「温度センサ」は温度を検知します。

＊

　本製品を「ドローン」などに搭載すれば、その動きや経路を、高精度かつ多角的に記録したり、後から詳細に分析することが可能でしょう。

　販売価格は23,760円です。

https://www.switch-science.com/catalog/2364/

■搭載している機能

　基板上には、入出力コネクタの「GPIO端子」や、「プッシュボタン」「I2Cインターフェイス」「UARTインターフェイス」が搭載されています。

　「UART端子」は、出荷時のファームウェアでは信号が出力されており、「Xbee」などにつないでテレメトリ化したり、「Raspberry Pi」などのマイコンと通信することが可能です。

電源は、「microUSB端子」からの5V給電、または、「Li-ion（リチウム・イオン）バッテリ」で稼動できます。

「Li-ion電池」は、「microUSB端子」経由での充電にも対応しています。

■ オープンソース

「ちょっとすごいロガー」は、fenrir氏が開発を主導しているオープンソースのハードで、「ファームウェア」「PC用のユーティリティ」「回路図」が、オープンソースで公開されています。

詳しくは、以下のサイトを参照してください。

```
すごいロガーシリーズ
http://ina111.github.io/NinjaScan_GUI/index_ja.html
```

*

出荷時点では、「9軸センサ」や「GPS」などをSDカードに記録したり、PCと直接接続して利用できるファームウェアが書き込みずみで、入手後、すぐに動作させることができます。

また、PC上で利用するための「ユーティリティ」（Windows用）や、「Raspberry Pi用のツール」なども公開されています（上記のサイトやGitHubを参照）。

オープンソースで公開されているので、これらを改造して利用することも可能です。

使ってみる

■「Windows環境用ソフト」の入手

リアルタイムに「センサ情報」を表示したり、microSDカードに記録したデータを「汎用のデータ形式」に変換するユーティリティソフト、「NinjaScan_GUI.exe」が、上記のサイトで公開されています。

なお、このソフトは、Windows用となります。

ちょっとすごいロガー

■「GPSアンテナ」の接続

超小型軽量の「GPSアンテナ」が付属しており、「U.FL-SMA端子」に接続すれば、「GPS衛星」から電波を受信できます。

また、「SMA／U.FL-SMA」の変換ケーブルが付属しているので、市販の「GPSアンテナ」も接続できます。

■ 取得データをリアルタイム表示

microSDカードを入れずに「ちょっとすごいロガー」をUSBケーブルで接続し、ドライバを設定すると、USB接続のシリアルポートとして認識されて、「ちょっとすごいロガー」からセンサのデータが送られてきます。

この状態で「NinjaScan_GUI.exe」を起動し、「COM Port」を指定すると、センサからのデータをリアルタイムでGUI画面に表示するモードになります。

「NinjaScan_GUI.exe」のメイン画面

＊

メイン画面の各ボタンをクリックすると、「加速度」や「ジャイロ」「気圧」などのセンサ情報用のサブウィンドウが開き、リアルタイムでグラフ表示されます。

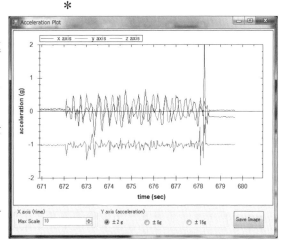

「加速度計」のサブ画面を開いたところ

使ってみる

＊

　「地図情報」画面を開くと、GPS衛星からの情報を元に、地図（Google Map）上に「現在位置」や「UTC時刻」が表示されます。

　補足した衛星の数は、裏面の「青色LED」の点滅回数で通知されます。

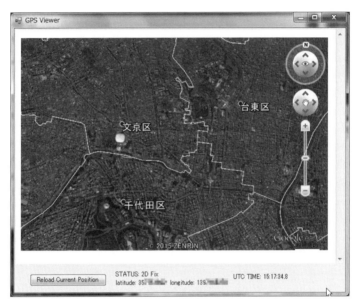

「GPSセンサ」を元に地図を表示

＊

　なお、送られてくる生データのフォーマットは、「ちょっとすごいロガー」独自のものです。

　しかし、「VR」「AR」「MR」などの独自のアプリと連携させて、3Dの仮想空間でモノを操作したり、といった用途にも利用できます。

■ microSDカードに記録するモード

　「ちょっとすごいロガー」は、文字通り「ロガー」なので、当然、データを記録することができます。

　microSDカードを入れて起動すると、自動的に「ログ取得」のモードになり、電源を切るまでの間、各センサのデータがmicroSDカードに記録され続けます。

ちょっとすごいロガー

「ドローン」などに搭載して、経路などの情報を収集する場合は、このモードで使います。

＊

電源は、「microUSB端子」の5Vか、「Li-ion」(1セル)で供給します。

「ドローン」の多くは、その電源に「Li-ion電池」を使っているので、共用が可能かもしれません。

(2セル以上の電源を使っている場合は、小型の1セルLi-ion電池を別途取り付けるなど、対応が必要)。

＊

保存されたログは、専用フォーマット形式ですが、「NinjaScan_GUI.exe」を使うと「NMEA」[※]や「CSV」といった汎用のデータ形式のファイルに変換できます。

※「GPS」や「音波探査信号」などを扱う、海上電子装置の標準的なフォーマット。

「NMEA」形式のデータを、さらに「GPX形式」や「KML形式」に変換すれば、経路を「Google Map」に取り込んで表示することもできます。

■ 記録したデータの利用

また、microSDカードを挿入した状態でPCに接続すると、「カードリーダ」としても機能します。

「GPS」が衛星を補足すると、「GPS電波」から「UTC時刻」を取得し、各データの明細中に時刻が埋め込まれます。

この時刻をキーにして、「NMEA」や「CSV」の別々のファイルに分かれている各データを同期させて、利用できます。

小型マイコンボードを使った電子工作ガイド

第3章

製作

ここでは、「マイコン・ボード」を使った作例を解説します。

「Arduino」で何が作れるか

周辺機器を接続

nekosan

Arduinoに周辺機器を接続して、どんなことができるか眺めてみます。

入出力機能

Arduino（アルドゥイーノ）は、入出力端子を通して、さまざまな機器を接続できます。

これらの端子は、「動作モード」を切り替えることで、「デジタル／アナログ信号」の入出力や通信データを扱うことができます。

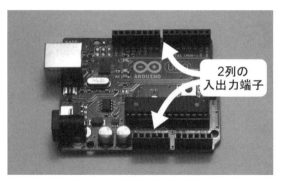

Arduinoの2列の入出力端子

■デジタル出力機能

Arduinoを含め、マイコンの出力端子からは、「オン／オフ」（電圧の高低）の「デジタル信号」が出力できます。

これらのデジタル信号は、周辺装置に情報を伝える「通信の信号」や、LEDやモータの「オン／オフ制御」に利用できます。

これら1本1本の信号を個別に制御すれば、周辺装置とデジタル通信ができます。

入出力機能

しかし、それでは、複雑なデータのやり取りをする場合、制御や配線が大変なので、通常は後述の「シリアル通信機能」を利用して、少ない配線で通信を行ないます。

■アナログ出力機能

一部の端子は、周波数や、「オン／オフ時間」の比を指定して、周期的な「矩形波」(オンとオフを繰り返す信号)を自動的に出力する、「PWM出力機能」を内蔵しています。

「PWM」の「オン／オフ信号」の周波数を変えながら出力すると、スピーカーから、音程をつけて音楽を鳴らすこともできます。

*

しかし、「PWM」はこうした「オン／オフ信号」より、「アナログ出力機能」として利用されることが多いでしょう。

「PWM」は高速に「オン／オフ」しながら、時間の比率を変化させて、「平均電圧」に強弱をつけることができます。

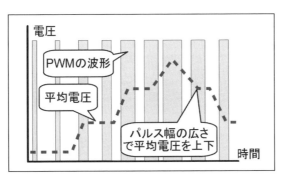

PWMを使ったアナログ制御

これを「LEDの点灯」に利用すると、「輝度」を「アナログ的」に変化させることができますし、増幅回路を通してモータなど大電力な機器につなげば、電力の強弱を制御できます。

※「PWM」によるアナログ制御は、電車の「パワー制御」や、家電製品の「インバータ回路」など、さまざまなところで利用されている。

「Arduino」で何が作れるか

■デジタル入力機能

入出力端子の動作モードを「デジタル入力」に設定すると、電圧の高低を「デジタル信号」として入力できます。

スイッチなどを接続して、「オン/オフ」を入力したり、デジタル通信にも使われます。

■アナログ入力機能

Arduinoの一部の端子は、「アナログ入力」機能として利用できます。

「加速度センサ」など、各種センサが「物理変化の量」を読み取って「電圧の高低」として出力したものを、アナログ入力機能で「数値」として読み取ることができます。

■シリアル通信機能

Arduinoの端子の一部は、「SPI」「I2C」「UART」といった、シリアル通信機能に割り当たっています。

これらは、「オン/オフ」の信号を、タイミングを計って送受信することにより、少ない配線で複雑なデータを送受信できます。

シールド

■「シールド」とは

Arduinoの入出力端子は、独特な2列のソケットで構成されています。このソケットには、「シールド」と呼ばれる「拡張基板」を、簡単に脱着可能になっています。

「シールド」を使うと、さまざまな周辺装置を、ハンダ付けすることなく接続でき、気軽に「試作してみる」ことができます。

また、複数の「シールド」を重ねることもでき、それら複数のシールドの機能を同時に組み合わせることもできます。

■シールドの種類

「シールド」は、「DCモータドライバ・シールド」や、「LCDシールド」「有線LANシールド」「USBホスト・シールド」「MP3シールド」「MIDIシールド」など、用途に合わせて、各社からさまざまなものが販売されています。

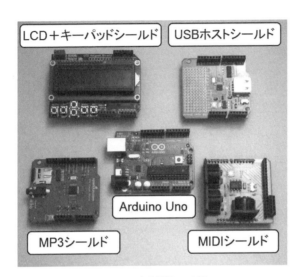

Arduinoと各種シールド

これらのシールドは、通常、ハード単体だけではなく、利用するためのソフト（ライブラリ）もセットで公開されているため、比較的容易に扱えます。

また、メーカー製のシールドを購入するだけでなく、自作することも可能です。オリジナルのシールドを作るのに便利なキットや部品なども販売されています。

ブレッドボード

Arduinoの入出力端子は、シールドの接続だけでなく、「ジャンパー線」を接続するのにも都合のいい形状をしています。

シールドで提供されていない周辺装置も、「ジャンパー線」や「ブレッドボード」によって、プロトタイピングに利用できます。

「Arduino」で何が作れるか

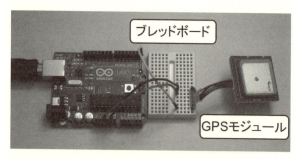

ブレッドボードの利用例

通信機能

■Arduino内蔵のシリアル通信機能

Arduinoの一部の端子は、内蔵シリアル通信機能に切り替えて利用できます。

①SPI

SPI通信は、「マスター」と「スレーブ」という機器の間で、クロック信号に合わせてデータの交換を行なう通信方法です。

「マスター」側が出力するクロック信号に合わせて、「マスター／スレーブ」双方が、データを同時に送り合い、双方向通信します。

通信相手の「スレーブ」は、「マスター」側から「スレーブセレクト」という信号で選択します。

このため、「信号線2本(送受信)＋クロック1本＋スレーブセレクト信号(デバイス数分)」の、数本の線だけで接続できます。

SPIで接続できる機器には、「モータドライバ」「EEPROM」「加速度センサ」「温度センサ」「グラフィックLCDモジュール」などさまざまです。

また、「MMCカード」や一部の「SDカード」もSPIで制御できます。

②I²C

「I²C」も、「SPI」のように「クロック」信号を使って、マスターとスレーブが双方向に通信を行なう通信規格です。

ただし、「データ線1本＋クロック信号1本」の、計2本だけでたくさんのデバイスを「数珠繋ぎ」にできます。通信相手は、データ線を経由して「アドレス番号」で選択します。

　「SPI」に比べると、通信速度が1桁ほど遅くなりますが、たった2本の線でたくさんのデバイスを接続できるメリットがあります。

　「I^2C」も、「SPI」とほぼ同様の周辺装置のラインナップがあります。
　また、周辺装置によっては、「SPI」「I^2C」を選択可能なものもあります。

③UART
　「UART」は、「送信（TX）」「受信（RX）」の信号線を使って、シリアル通信を行なう規格です。
　通常はクロック信号を用いず、双方で通信速度を合わせたり、データを「スタートビット／ストップビット」で挟むことで、タイミングを調整して通信しています。

　電子音楽機器の通信に使う「MIDI」や、位置情報を検知する「GPSセンサモジュール」との通信にも、「UART」が利用できます。
　また、単純で利用しやすいため、マイコン同士の通信でもしばしば利用されます。

　さらにArduinoでは、PCからスケッチ（Arduino用のプログラム）を書き込む時や、デバッグ時の「シリアル・モニタ」と通信する際にも利用しています。

■外付け通信機能
　内蔵の通信機能は、普段利用している通信機能とは異なり、あまり馴染みがないという人は多いかもしれません。

　しかし、「有線LAN」や「無線LAN」「3G通信」「USB」「Bluetooth」といった、各種通信機能のシールドを接続する際に、「SPI」など内蔵通信機能を通して通信を行なっています。

「Arduino」で何が作れるか

開発環境

■IDE（統合開発環境）

　Arduinoが世界的に広まった理由のひとつは、扱いやすい「IDE」（統合開発環境）にあると言えるでしょう。

　ArduinoのIDEは、「Ecripse」に代表されるような、「本格的で、なんでも載っている」ようなものではありません。
　そのかわり、「プログラム（スケッチ）の編集」や、「Arduino基板への書き込み」など、最低限必要な機能に絞られているので、初心者でも戸惑わずに利用できます。

■プログラミング言語

　Arduinoのプログラミング言語は、「C言語/C++」をベースにした独自の専用言語です。
　しかし、「ポインタ」などC言語系の難解なところを理解していなくても、たいていのことができるように工夫されています。

　また、各種ライブラリは、Arduinoの使い勝手のよさを支えています。
　一般的なマイコンは、IC内部の構造や周辺装置の使い方の制御方法について精通している必要があります。
　しかし、Arduinoの場合、主要な内蔵機能や、主だったシールドは、公開されているライブラリを利用することで、簡単に扱うことができます。

＊

　さらに、多くのライブラリは、使い方のサンプルスケッチを含んでいます。このサンプルスケッチを参考にしたり、応用することで、ライブラリを簡単に使いこなすことができます。

　つまり、「IDE」「言語」とも、専門的な知識がない人でも利用できるよう、さまざまな工夫が盛り込まれています。

Arduinoの動作

Arduinoに限りませんが、マイコンとその周辺装置、マイコン内部のソフト処理は、図のような流れで制御が行なわれます。

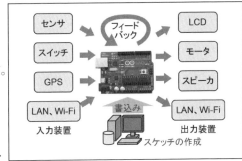

マイコンの制御の流れ

マイコンは、センサや通信機能から情報を「入力」して、その情報を元にマイコン内部で「計算処理」を行ない、出力装置や通信機能に結果を「出力」します。

また、出力装置の情報は、いったん入力に戻して「フィードバック制御」に用いる場合もあります。

こうした一連の処理の流れを踏まえて、実際にArduinoを使って工作をしてみます。

マウスでサーボモータを制御

マウスの操作を入力し、その内容をもとに、サーボモータを制御してみましょう。

■サーボモータの接続

サーボモータは、マイコンからの信号を元に、「角度の制御」が簡単に行えるモータで、「電源＋GND＋信号線1本」の計3本だけで配線できます。

IDEに標準搭載のライブラリを使うと、角度を数値指定するだけで制御できます。

＊

ブレッドボードやジャンパー線で配線してもいいですが、ここでは「IO拡張シールド」を使って接続します。

「Arduino」で何が作れるか

■マウスの接続

　P/S2マウスをArduinoに直接接続して使うライブラリもありますが、ここでは主流のUSBマウスを接続してみます。

　「USBホストシールド」を利用すると、マウスなどとの「複雑なUSB通信」の信号制御を、ハードやライブラリが肩代わりするので、短いスケッチで簡単に制御できます。
　また、マウス接続用などのサンプルスケッチも用意されており、それを少し修正するだけで動かすことができます。

　USBホストシールドにマウスを、IO拡張シールドにサーボモータをそれぞれ接続し、これらのシールドをArduinoに三段重ねになるようにとりつけます。

　　※スケッチや実験方法についての情報は、サポートページからダウンロード。

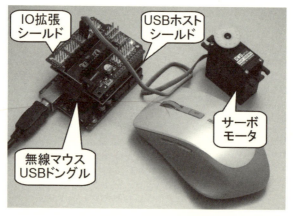

サーボモータとマウスを接続

マウスでサーボモータを制御

■動作の結果

　スケッチをArduinoに書き込み、配線したら、実行してみましょう。

　マウスの左右の移動に合わせて、サーボモータが左右に回転します。無線マウス[※]を使うと、サーボモータを「無線制御」することもできます。

> ※Bluetoothマウスは不可。

　また、マウスからの信号は、「シリアル・モニタ」にも表示しているので、表示内容と、操作の内容、スケッチの内容を見比べると、扱い方が理解しやすいでしょう。

＊

　Arduino自体は、マイコン基板としては処理能力が高いとはいえません。
　しかし、こうした周辺装置やライブラリが整備されているため、さまざまな機器を取り付けて簡単に動かすことができるので、プロトタイピング用のマイコンとして扱いやすく、支持される理由となっています。

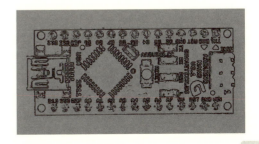

「7セグLEDキッチンタイマー」を作る

暗いキッチンでもはっきり見える

神田 民太郎

「キッチンタイマー」は、どの家庭にも1つはあるのではないでしょうか。私は、カップ麺にお湯を入れて3分間といった感じで、よく使っています。

しかし、多くの「キッチンタイマー」が売られているにもかかわらず、そのほとんどは「液晶数字」のものです。

そこで、消費電力は液晶よりも大きいものの、暗いところでも視認性に優れる「7セグLED」を使って、実用的なキッチンタイマーを作ってみることにしましょう。

製作コスト

「キッチンタイマー」の製作コストは、主要部品については700円程度です。

LEDキッチンタイマー

「PIC16F785マイコン」の特徴

「キッチンタイマー」の中身は、いわゆる「ダウンカウンター」です。

「マイコン」を使えば、特別なものではなく、ハードもソフトも定石的なものです。

「PIC16F785マイコン」の特徴

　ここでは「キッチンタイマー」という性格上、それほど精度の高いものでなくともいいと考え、「クリスタル」のような外部発振子は使っていません。
　もし、正確性を要求するのであれば、外部に「クリスタル」を付けるようにしてください。
　使ったマイコンは、「PIC16F785」という20ピンタイプのものです。

　このPICの価格は、160円（秋月電子）と非常に安価ですが、内部に「オペアンプ」を2つ搭載しています。
　今回この「オペアンプ」を使うことはありませんが、I/O数が18ピンのPICより少しだけ多いので、これを使うことにします。

＊

　PIC16F785へのプログラムの書き込みを、秋月の「PICライター」を使って行なう場合は、ちょっとした工夫が必要になります。

　それは、このPICのピン配列にあります。
　次の図のように、「PIC12F＊＊＊」という8ピンのPICと、左側8ピンは同様の構成（A0～A5）になっています。
　また、他の「Bポート」は、「B0～B3」はなく、「B4～B7」のみの構成となっており、「Cポート」も「C0～C7」まであるものの、配置がかなり変わっています。

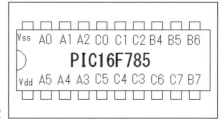

PIC16F785ピン配置

　そして、最も注意を要するのが、ライターへのセットです。

　「PICkit3」などで、オンボードでプログラムを書き込むときには特に問題はありませんが、秋月製の「PICライター」などにセットして書き込みを行なう場合は、次のように下駄を履かせる必要があります。
　とは言っても特別難しいものではなく、最も単純なのは、8ピンの「ICソケット」に、左側の8ピンだけをハメ込み、「PICライター」にセットするだけです。

「7セグLEDキッチンタイマー」を作る

下駄を履かせて「PICライター」にセットする

「PICkit3」を使ったプログラムの書き込み

　私は、長い間、秋月電子の「PICライター」を使ってきましたが、前述したような対応をするのが、だんだん面倒になってきたので、
　最近は、もっぱら「PICkit3」を使うようになりました。

　「PICkit3」はマイクロチップ社純正のフラッシュマイコン書き込みツールです。

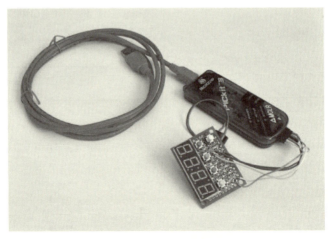

「PICkit3」をつないで書き込み

「PICkit3」を使ったプログラムの書き込み

　最も便利なのは、マイコンにプログラムを書き込むときに、マイコンチップを基板から外す必要がない点です。

　ターゲット基板に実装したままで書き込みができるので、プログラムを変更しても、その結果がすぐに分かり、開発効率が格段にアップします。

　その他にも、次のような特徴があります。

---

①パソコンとの接続は、付属のUSBケーブルでつなぐだけ（USBハブにつなぐときは、ハブに電源を別接続して、十分な電流を確保する必要あり）。

②5Vで大電流を必要としない回路であれば、電源は「PICkit3」から供給でき、「MPLAB」から供給電圧の設定も可能。

③「ターゲットボード」との接続に必要な線は、5本だけ。

1	MCLR
2	＋（電源のプラス）
3	－（電源のマイナス）
4	ICSPDAT
5	ICSPCLK

　これらの特徴によって、マイコンチップを「ターゲットボード」から外す必要がありません。

　そのため、「DIPタイプ」の半分のピンピッチとなる「SOPタイプ」のマイコンも使うことができ、省スペース化も容易になります。

*

　注意が必要なのは、「MCLR端子」(RA3)、「ICSPDAT端子」(RA0)、「ICSPCLK端子」(RA1)をI/O端子として使って回路を組む際に、その端子につなぐ回路が、プログラムの書き込みに影響しないようにしなければならない点です。

　そのため、回路を組む際にいくつかの注意事項が示されています。

---

①「MCLR」「ICSPCLK」の端子と「グランド」間に、コンデンサを付けない。

②「ICSPDAT」端子に、「プルアップ抵抗」を付けない。

③「ICSPDAT」端子と直列になるように「ダイオード」を入れない。

「7セグLEDキッチンタイマー」を作る

　しかし、製作する回路によっては、プログラム書き込みに関係する「A0」「A1」の端子に、「7セグメントLED」や「ダイオード」を付ける場合があり、禁止事項に触れてしまうことも想定されます。

＊

　そこで、実際に「7セグメントLED」を「A0」端子に接続すると影響が出るのか、実験してみました。

※プログラムは、サポートページからダウンロード可能。

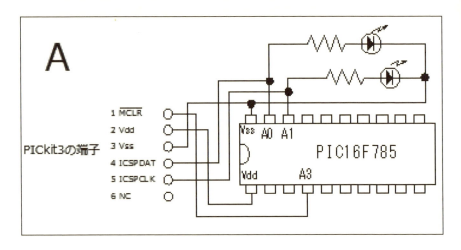

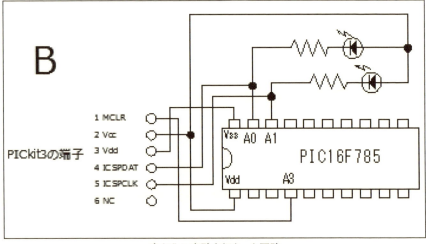

書き込み実験を行なった回路

「PICkit3」を使ったプログラムの書き込み

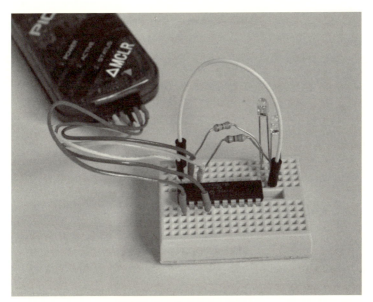

実験した回路（抵抗値は330Ω）

*

　この実験では、A、Bいずれも問題なくプログラムを書き込むことはできました。

　ただ、これはどのPICにも当てはまるものではないようなので、PICのチップごとに確認する必要があります。
　確実な方法としては、

・書き込みのときだけ、「LED」の接続を切る（かなり面倒）。
・書き込みに関与する「I/Oピン」を使わない。

となります。

*

　書き込みのときだけI/O端子に接続した回路を切るというのは、単純な方法ではあります。
　しかし、プログラムの完成までには、何度も「プログラムの修正と書き込み」を繰り返すことになるので、このような方法を採ることは、あまり現実的ではありません。

「7セグLEDキッチンタイマー」を作る

　もし、「7セグメントLED」などを接続する必要があるときは、あらかじめ実験で確かめるのがいちばんです。
　プログラムの書き込みができれば、何も問題はありません。
　また、「書き込みに関与するピンは、はじめから使わない」というのも、I/O数が足りるのであれば、良い解決策です。

*

　今回の回路では、「ICSPDAT端子にプルアップ抵抗を付けない」ということにも違反しています。
　ここでは、特に問題なく書き込みができましたが、これも問題になる可能性があるので、避けたほうがいいでしょう。

*

　「PICkit3」を使ってプログラムの書き込みを行なう場合は、通常は「ターゲットボード」に「PICkit3」のコネクタ部分を差し込むための、「ピンヘッダ」を付けます。
　ここでは、「ピンヘッダー」を付けるスペースがなかったので、開発中の間だけ直接、ターゲットボードに線を接続しました。

　開発が終わったら、書き込みに使った線は外しましょう。

「キッチンタイマー」の回路

　回路を組む基板には、秋月電子で扱っている「パワーグリッド基板」を使います。

　この基板は、電源ラインの「＋」と「－」が、2.54mmピッチの間に縦横に通っていて、どのピンに部品を挿しても、すぐに電源に接続できます。
　これによって、「＋」「－」からの配線がとても簡単にでき、余計な引き回し配線を大幅に減らすことが可能になります。
　コンパクトな回路を作りたい場合は、うってつけの基板だと言えるでしょう。

　「トランジスタ」や「抵抗」もチップタイプのものを使うので、47mm×36mmの基板にすべてパーツを実装できました。

「キッチンタイマー」の回路

「パワーグリッド基板」の表と裏

*

「パワーグリッド基板」は、2.54mmピッチの間に電源の「+」と「-」が通っているため、ある程度はんだ付けのテクニックが必要になります。

つまり、慎重にはんだ付けを行なわないと、不用意に「電源ライン」に接触してしまうことになりかねません。

はんだ付け後は「×10ルーペ」などを使って、ミスがないかを忘れずにチェックしましょう。

アルミケースに収めたところ

*

プログラムについては、コンパイラに「CCS-C」を使っています。
しかし、「HITEC-C」などでも問題なく動作すると思います。

※回路図とプログラム全文は、サポートページからダウンロード。

「MPLAB」における「PICkit3」の使い方

「PICkit3」を「MPLAB8.6」(組み込みシステム向けの統合開発環境)における使い方を、簡単に説明します。

---

[1]まず、「PICkit3」をパソコンにつなぎ、あらかじめ用意してあるターゲットボードを、「PICkit3」に接続します。

[2]「MPLAB8.6」の「Select Programmer」メニューから、「PICkit3」を選択します。

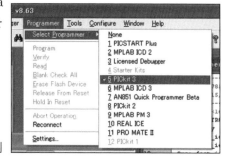

「Select Programmer」→「PICkit3」

[3]この状態では、

> You must connect to a target device to use PICkit 3.

というエラーが出ますが、これは「ターゲットボード」に電源が供給されていないため、「PICkit3」が「ターゲットボード」を認識できていないことを示しています。

このような場合は、「Programmer」メニューから「Settings...」を選択し、「Power」タブの「Power target circuit from PICkit3」にチェックを入れると、「PICkit3」から電源を供給できます。

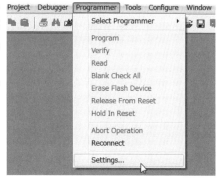

「Programmer」→「Settings...」

「MPLAB」における「PICkit3」の使い方

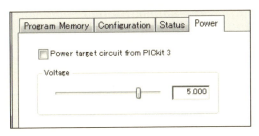

「Power target circuit from PICkit3」にチェックを入れる

※供給する電圧をスライダーで指定することもできるが、とりあえず「3V」以上あればOKです。通常は5Vにする。

これで、実際にプログラムした内容で、マイコンボードが動作します。

＊

プログラムを変えた場合は、コンパイルしたあと、次の画像の囲み部分をクリックします。

ボタンをクリック

その後、表示される画面から「OK」押せば、ターゲットボードが動作を開始します。

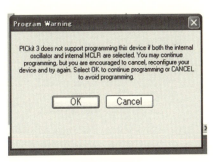

「OK」を押す

「7セグLEDキッチンタイマー」を作る

「キッチンタイマー」の使い方

完成したキッチンタイマーは適当な大きさのケースに収めます。

私は、「1mmのアルミの板」を使いましたが、市販の「プラスチックケース」(55mm×45mm)などでもいいでしょう。

また、実際にキッチンで使うために、本体の裏には「ネオジム磁石」(ϕ10mm×1mm)を取り付けています。

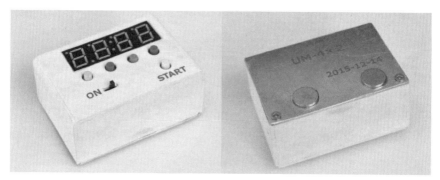

完成したキッチンタイマー

ただ、「ネオジム磁石」の吸着力は、垂直方向には極めて強いですが、縦横方向では、かなり弱くなります。

このままでは磁力が弱く、滑り落ちる危険性があります。

そこで、磁石の吸着面に、薄く接着剤(スーパーX)を塗ります。

こうすることで、吸着面における摩擦抵抗が増して、滑ることなく固定できます。

磁石を大きいものに変えるという選択肢もありますが、このような解決法も覚えておくといいでしょう。

スーパーX接着剤

「キッチンタイマー」の使い方

＊

　使い方は簡単です。
　「タイマーセット」のボタンが4つ（A～D）と、「スタート／ストップ」のボタン（S）が1つあります。

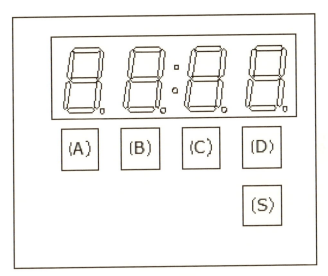

各種ボタンの配置

　「A～D」は、各桁を独立して設定できます。
　数は増やすだけで減らせませんが、「9」の次は「0」に戻ります（秒の2桁目は、「5」の次が「0」）。
　最大、「99分59秒」まで設定できます。

＊

　タイマー値をセットして、「スタート／ストップ」のボタンを押すと、カウントダウンを始めます。
　そして「0」になると、圧電サウンダが鳴って、終了を知らせてくれます。

「7セグLEDキッチンタイマー」を作る

「キッチンタイマー」の部品表

部品名	型番	必要数	単価(円)	金額(円)	購入店
PICマイコン	PIC16F785	1	160	160	秋月電子
PNPチップトランジスタ	2SA1162	4	5	20	〃
20PIN 丸ピンICソケット		1	50	1	〃
47μF 16V電解コンデンサ		1	10	10	〃
0.1μF積層セラミックコンデンサ		1	10	10	〃
4桁 7セグメントLED	アノードコモン	1	200	200	〃
1/6Wチップ抵抗	10kΩ	9	1	9	〃
1/6Wチップ抵抗	510Ω	8	1	8	〃
タクトスイッチ		5	10	50	〃
電源用小型スライドスイッチ		1	20	20	〃
圧電スピーカ		1	30	30	〃
単4×2 電池ケース	基板用	1	50	50	〃
単4電池	アルカリ	2	25	50	〃
パワーグリッドユニバーサル基板	47mm×36mm	1	75	75	〃
			合計金額	693	

「ちょっとすごいロガー」の使い方
4つのセンサを搭載したデータロガー　nekosan

軽くて小さいデータロガー、「ちょっとすごいロガー」が、スイッチサイエンス社から販売されました。
ここでは、この「ちょっとすごいロガー」を使って実際にデータを収集し、使用感を確かめてみました。

車に搭載してみる

■ 取り付けと電源供給

　ここでは、「ちょっとすごいロガー」を自動車のダッシュボードに設置し、移動しながら「位置」「加速度」「角速度（ジャイロ）」などのセンサのログを取得してみました。

「ちょっとすごいロガー」と「GPSアンテナ」

https://www.switch-science.com/catalog/2364/

　自動車なので、電源はシガーソケットを利用することも可能ですが、ここでは消費電力の視点も踏まえて、「単3電池」（5V USB出力のブースター使用）で長時間動かしてみました。

「ちょっとすごいロガー」の使い方

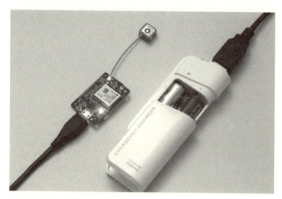

「単3電池のブースター」で駆動

「ちょっとすごいロガー」の消費電力は明示されていないみたいですが、比較的消費電力の小さいデバイス（各種センサ、制御用マイコン、SDカード）ばかりなので、電池でも数時間程度は利用できると見込みました。

*

固定方法は、基板のバージョンによって変わるようです。

今回使ったのは基板上にネジ穴などがないバージョンだったので、「スポンジクッション・タイプの両面テープ」を使い、ダッシュボード（グローブボックスの上のあたり）に軽く貼り付けました。
（バージョンによっては、ネジ穴や、固定用のプラスチック板が付いているものもあるようです）。

ダッシュボードに貼り付けたロガー

車に搭載してみる

■「衛星捕捉」について

　「GPSアンテナ」は、付属のもの（約1cm角…コンパクトデジカメ内蔵のGPSと同程度）を使いました。

　レギュラーサイズの「SMA端子」に変換するケーブルも付属しており、市販の「GPSアンテナ」を接続することもできます。

*

　電源を入れるとGPS衛星からの電波を探しはじめ、しばらくすると「青いLEDの点滅回数」で、捕捉した衛星数を通知します（捕捉できていない場合は、点滅しません）。

　「GPSアンテナ」は、都市部のビルに囲まれたところでは、ビルの影に入ったり、反射波を拾うなどで、感度や精度に影響が出ます。

　小型のアンテナで感度が限られるのか、数時間ぶんのログ中に、一部衛星が捕捉できていない時間帯がありました。

　たとえば、「ドローン」を広場で飛ばすといった用途であれば、もう少し補足しやすいのかもしれませんが、都市部で自動車で移動といったシチュエーションでは、もう少し感度の高いアンテナのほうが向いているかもしれません。

■ バッテリ消費

　ここでは、単3電池2本から「5V」を供給しました。

　4時間くらい連続で稼動しましたが、この程度なら乾電池でも充分なようです。

*

　USB機器の消費電力計測器で計ってみたところ、電流はおよそ「10～60mA」程度で変動していました。平均すると、「30～40mA」(0.15～0.2W)程度と推測できます。

　新品の単3アルカリ電池なら、10時間以上は連続稼動が可能だと思います。

「ちょっとすごいロガー」の使い方

ログデータの利用

■「汎用フォーマット」に変換

　microSDカードに記録されるデータは、独自の「バイナリ・フォーマット」です。

　これを利用するには、専用のアプリ（NinjaScan_GUI.exe）を使い、汎用のフォーマットに変換します。

　GPSの位置情報や時刻情報は「汎用のNMEA形式」に、その他のセンサ・データは「汎用のCSV形式」に変換されます。

　これらは、「カンマ区切りのテキスト・データ」なので、Excelなどのソフトでも簡単に利用できます。

＊

　試しに、GPSの「NMEAデータ」を、「Google map」で表示してみます。
　「Google map」は、「NMEA形式」のデータを直接読むことはできないので、「NMEA2KMZ」というツールを使い、「KMZ形式」や「KML形式」のフォーマットに変換してから、マップにプロットします。

　次の画像は、一部の「NMEAデータ」を抜き出して、「KML形式」で読み込ませて表示した図です。

GPSデータを「Google map」で表示

　詳細表示できるデータ点でクリックすると、位置や時刻、速度などが詳細表示できます。

ログデータの利用

　見た感じ、当日走行した道幅上の位置と、地図上の位置は、ほとんど正確に見えます。

■ GPSの精度

　一般的にGPSの位置情報は、平均して数メートル程度の誤差が生じます。
　これは、主に大気中の水分が影響して、電波の到達時間に差が生じることで起こります。

　ここでは前述の通り、大外れな誤差というのはなく、大きいところでも誤差は数メートル以内でした。

＊

　さて、「ちょっとすごいロガー」は、単なるNMEAデータを吐き出すだけの、一般的な「単体GPSモジュール」とは異なります。
　いわゆる「生データ」を出力することもでき、後述の「DGPS」や「RTK」といった方法を使って、高精度な位置情報を得ることも可能です。

■ バッチ処理ユーティリティ（GUI）

　「NMEA」や「CSV」は扱いやすいテキストデータですが、それだけでは見やすさに欠けます。
　以下のページで、これらのデータをグラフ表示するツールが公開されています。

```
＜バッチ処理GUIツール解説ページ＞
http://www.ina111.org/archives/1024
```

　Windows用のバイナリがパッケージされていますが、オープンソースで「GitHub」でも公開されています。
　筆者は、「GitHub」からPythonのソースプログラム（2本）を入手し、Ubuntu(Xubuntu)で動かしてみました。

　用途に合わせたGUIプログラムを自作する際に、このプログラムを元にすれば、作成が容易になりそうです。

「ちょっとすごいロガー」の使い方

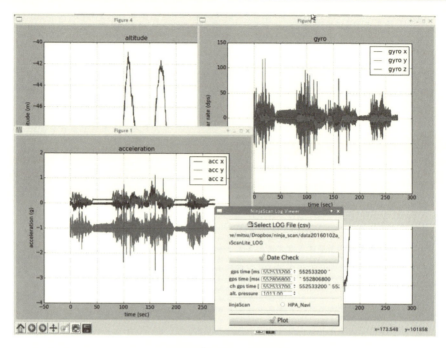

GUIのバッチツールの画面

■ ファームウェアもオープンソース

　ここでは自動車に載せて走行し、ログを取得しましたが、グラフィック表示を眺めると、「加減速」や「横方向の加速度」「旋回速度」などのデータに比べて、「走行時の振動」(ノイズ成分)が多く含まれているようです(特に、タイヤからの突き上げ成分)。

　「走行ノイズ」は、「加減速」や「旋回」の動作に比べて、「高周波」成分が多くを占めるので、「周波数フィルタ」(FIRやIIRフィルタ)を使うと軽減できます。
　ファームウェアもオープンソースなので、こういった「フィルタ処理」を盛り込むなどのカスタマイズも可能です。

応用のために

■ GPS時刻

「CSVデータ」に記録される時刻は、「UTC」(世界標準時)で、日曜日開始時からの「ミリ秒」表示です。

日本の標準時(JST)に対して、時差の9時間と、うるう秒補正(現時点では17秒)だけズレた時刻なので、「JST」に読み替えるには、換算処理が必要です。

■ DGPS、RTK

「ちょっとすごいロガー」の「NMEAデータ」は、一般的なGPSと同様に、「1個のアンテナ」から拾った位置情報です。

一方、「NMEA形式」だけでなく、GPSの「生データ」も取得できます。

「生データ」を使うと、「DGPS」や「RTK」[※]も可能になり、その誤差を数十センチ～数センチ程度まで小さくすることが可能になります。

> ※「DGPS」「RTK」は、移動局(今回では自動車に乗せたロガー)と、基準局(地上に固定してあるGPS受信局)の、複数のGPSアンテナの信号を使って、リアルタイムで誤差を補正する方法。

「生データ」は、ファームウェアを書き換えなくても出力可能です(詳しくは、説明書などを参照してください)。

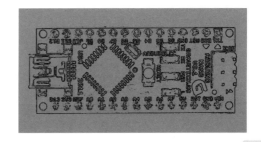

小型マイコンボードを使った電子工作ガイド

第4章

IoT

ここでは、「IoT」をテーマにモジュールの紹介や、作例を解説します。

電子工作用 IoT/M2M モジュールカタログ

「LTEPi for D」「ESP-WROOM-02」「FlashAir」… ドレドレ怪人

IoTの開発が進められる今日、「M2M」が普及しつつあります。「電子工作」でも「Arduino」や「Raspberry Pi」などのマイコン・ボードの普及などがあって、「デバイス」との相互通信の需要が高まりつつあり、「M2M」の需要も高まっています。

M2Mとは

　「M2M」は「Machine to Machine」の略称で、「ヒトを介さず、デバイス同士が自律的に通信を行なうこと」を指しています。

　環境中に「インテリジェント・デバイス」を配し、Webを通じて相互に接続することによって、Webに「耳」や「目」(センサ)、「手足」(アクチュエータ)を与える「IoT」の開発が進められています。

　Web時代とあって、「インテリジェント・デバイス」がWebにブラ下がるのは当たり前(それがIoTのひとつの側面)になりつつあります。

　さらに、ドローンのように無線によってWebにつながることを想定しているようなところもあり、今日、「M2M」というと、主に「無線接続」を指しています。

＊

　「マイコン・ボード」の普及も手伝って、IoTの開発が進められ、さらには(無線)「M2M」の普及が進んでいます。

　そうした「M2M」の技術的な果実が、「電子工作」でも気軽に利用できるようになりつつあります。

　電子工作で利用できそうな無線通信となると、
・3G、LTE
・Wi-Fi
・Bluetooth

があります。

IoT/M2Mカタログ

※「ZigBee」という近接無線通信規格もあるが、スマホなどのコンシューマ・デバイスへの普及が進んでいないので、ここでは取り上げない。

IoT/M2Mカタログ

以下では、電子工作方面で比較的手が出しやすそうな辺りを見ていきます。

■ LTEPi for D

Candy Line社の開発する「LTEPi for D」は、シングルボードコンピュータ「Raspberry Pi」に、LTE通信機能を追加する拡張ボードです。

LTEPi for D

```
Candy Line product & services
http://www.candy-line.io/proandsv.html
```

「nanoSIMカード」を自前で用意しないといけませんが、LTE回線網が利用可能なので、デバイスを配置する自由度は大変高いです。

「LTE通信料金」「拡張ボード」の価格も安いものではなく、気軽に使えるものではありませんが、その価格に見合うだけの機能が得られるでしょう。

ツールが「GitHub」で公開されていて、利用者のとっても使い勝手がよさそうです。

■ ESP-WROOM-02

上海の「Espressif Systems社」が開発する「ESP-WROOM-02」は、32bit SoC MCU「ESP8266」をコアにもつWi-Fiモジュールです。

電子工作用IoT/M2Mモジュールカタログ

Wi-Fiモジュール「ESP-WROOM-02」DIP化キット (秋月電子)

　SoCにファームウェアが導入されていて、Arduinoなどと接続し、必要な設定を行なうだけで、Wi-Fiのネットワークに接続できるという製品です。
　技適を取得しているので、エンドユーザーも気軽に試せます。

　そして、この製品が注目される大きな理由が、大変低価格(700円程度)であることです。

　すでに作例がいくつかのサイトで紹介されています。

●技適済みWi-Fiモジュール「ESP8266」で始めるIoT入門(Arduinoでワイヤレススイッチ作成編) - Cerevo Tech blog
https://tech-blog.cerevo.com/archives/908/

●Arduinoと数百円のWi-Fiモジュールで爆安IoTをはじめよう
https://ics.media/entry/10457

　Arduinoも、最近では電子部品販売の店舗などで容易に入手できるようになってきています。
　Arduinoでは「Wi-Fi/LANシールド」(「シールド」はArduinoのバスに合わせた拡張ボード)を介してネットワークに接続する必要がありました。
　そうした「シールド」も価格が高かったきらいがありましたが、この「Wi-Fiモジュール」ならば、コストがかなり抑えられます。

■ さくらのIoT Platform β

2015年末、「さくらインターネット」が発表した「IoTプラットフォーム」です。

さくらのIoT Platform β
https://iot.sakura.ad.jp/

携帯電話の回線を使ったIoTデバイスを提供します。

現状は未だ「β」を名乗っており、一般にはサービスの提供に至っていません。

さまざまなイベントで少しずつ実態が紹介されているようで、垣間見られる情報を総合すると、

・IoTモジュールの提供
・モジュール利用のためのサーバの提供

となっています。

https://iot.sakura.ad.jp/service/

によると、2016年度内には一般サービスを提供する予定とのことです。

また、気になる料金体系ですが、

さらなる利用しやすさを目指して料金については、通常利用の場合、2年間の通信料金込みで数千円台での提供を目指しています。

としており、法人ユースはもとより、個人ユースも視野にあるようです。

■ MaBeee

M2Mのひとつとして良いのではないか、と思われるのが「MaBeee」（マビー）です。

元々、クラウドファンディングサービス「Makuake」にて公開されたプロジェクトですが、早期に資金調達できたことで量産に漕ぎ着け、今日では家電量販店などでも販売されています。

■ FlashAir

　東芝の開発する「FlashAir」は、SDカードの大きさにFlashストレージと無線LANの機能を盛り込んだデバイスです。

FlashAir

　「SDカード・ストレージ」としてデジカメなどに使われ、無線LANの機能によって、ストレージ内のファイルを送受信できるものです。

　FlashAirには「Luaスクリプト・エンジン」が導入されていて、SDカードスロットのあるデバイスを簡単に無線対応にでき、同時に、Luaスクリプトによってサーバ機能も構成できます。

　また、SDカードスロットのピンをGPIO(汎用デジタル入出力)として使えるので、組み込み用プロセッサとの組み合わせなどの応用事例が多く公開されています。

FlashAir Developers
https://flashair-developers.com/ja/

　上記の開発者向けサイトでは、FlashAirのバスの情報、GPIO制御などの情報が広く提供されています。

「M2M」を把握することは重要

　「Arduino」や「Raspberry Pi」などのマイコン・ボードが、比較的安価に入手できるようになってきました。

　「Raspberry Pi」は、ARMプロセッサにより、Linuxが動作するほどのパワーをもっており、HDMIでモニタを接続すれば、デスクトップPCとしても動作します。

　「Wolfram reserch社」では、「Raspberry Pi」向けに「Mathematica」を提供しているほどです。

　また、画像認識のソフトもあり、カメラ・モジュールと組み合わせるなどの応用も可能になっていると言います。
　マイコン・ボードもIoTの具としても充分な機能をもつに至り、Webベースの電子工作も普及しつつあります。

＊

　今日、多くの人々の手にはスマホがあります。
　スマホも「IoTの入り口」としても機能するところとなっており、M2Mの普及によって、電子工作も、「Web」「IoT」を意識して動いています。

＊

　スマホが登場したのは、つい数年前のことでした。

　それまではPDAというものを使っていても、珍しがられるばかりでしたが、そのころのPDAよりも高機能なスマホを多くの人々が「日常の道具」として使っています。
　そして、スマホも「IoT」への入り口と機能しつつある今日、「IoT/M2M」の利便を享受するために、電子工作でも、「M2M」の利用について把握することは重要なのかもしれません。

「さくらの IoT Platform α」を試す

Arudino や mbed などで SIM 通信を使った IoT を実現　大澤 文孝

「さくらの IoT Platform」は、さくらインターネット社が提供する、「Arudino」や「mbed」などの「マイコン」と、「SIM 通信モジュール」をつなぎ、「インターネット」と「データ」のやり取りができるようにするサービスです。

正式公開に先駆け、一部の開発者向けに、「α版」の提供が始まりました。

※この情報は、「さくらの IoT Platform α」のものです。βおよび製品版では、基板の形状や一部の APIが異なることをご了承ください

さくらIoT Platformの概要

「さくらの IoT Platform」は、「IoT」に必要な「通信網」「サーバ」「API」を総合的に取り扱うプラットフォームです。

＊

データは、3G回線でやり取りします。

そのため、マイコン側では、「ルータ」や「TCP/IP」などを考慮する必要がないのが、最大の特徴です（図1）。

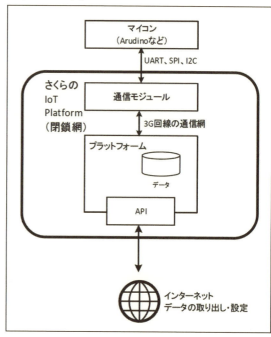

図1
「さくらの IoT Platform」の全体像

さくらIoT Platformの概要

①通信モジュール

45mm×40mmの基板で構成された通信モジュール。

SIMカードが装着されており、3G回線を使ってインターネットと接続(「SORACOM回線用」と「ソフトバンク回線用」があります)。

マイコンとは「UART」「SPI」「I2C」のいずれかで接続します。

②プラットフォーム

データを受け取ったり、APIを提供したりする部分。

プロジェクトごとに「128」の独立したチャンネルがあり、そのそれぞれのチャンネルには、ある時刻のデータを1つだけ書き込めます。

たとえば、「温度はチャンネル1」「湿度はチャンネル2」というように、データの種類ごとにチャンネルを変えて使います。

蓄積機能はなく、新しいデータを保存したら、そのデータで上書きされます。

つまり、データを受信したら、すぐにAPIを使って読み取らないと、どんどん上書きされます。

③API

データのやり取りをする機能で、「連携サービス」とも呼ばれています。

α版では、2つのAPIが提供されています。

(a) Outgoing Webhook

チャンネルに新しいデータが届いたとき、あらかじめ指定しておいたURLを呼び出す機能。

自分で作ったWebサービスを呼び出して欲しいときに使います。

(b) WebSocket

データをストリーミング操作するAPIを提供。

設定すると、エンドポイントのURLが作られるので、そのURLを読み書きすることで、それぞれのチャンネルデータを読み書きできます。

「さくらのIoT Platform α」を試す

温度データをアップロードする回路

「さくらIoT Platform」に関するドキュメントは、下記のURLで公開されています。

ここでは、ドキュメントに掲載されていたチュートリアルを少し改良し、温度データをアップロードする簡単なサンプルを作ってみました。

```
https://iot.sakura.ad.jp/developer/
```

■ プロジェクトを作って、モジュールを有効化

使い始めるには、まず、「さくらのIoT Platform αコントロールパネル」という設定画面から、プロジェクトを新規作成します（図2）。

そして、利用する通信モジュールを追加します。通信モジュールには「ID」と「パスワード」が書かれたシールが貼られているので、それを入力することで追加します。

ここまでが最低限の設定ですが、連携サービス（API）を設定しないと、届いたデータを確認できません。

データを確認するため、「WebSocket」を登録しておきます。そうすると、届いたデータの内容を確認できるようになります（後掲の図5）。

図2　プロジェクトを設定する

■ Arudinoと通信モジュールを接続する

通信モジュールとArudinoを配線します。

ここでは、I²Cを使って接続することにしました。このサンプルでは、温度データをアップロードしたいので、温度センサとして「LM61」をアナログポートの1番に接続しました（図3）。

実際に作るときには、アンテナの接続も必要です（図4）。

温度データをアップロードする回路

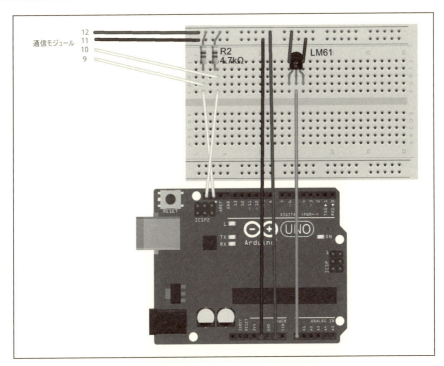

図3　温度をアップロードするための回路

図4　図3を実際に作ったところ

「さくらのIoT Platform α」を試す

温度をアップロードするスケッチ

温度データをアップロードするスケッチを**リスト1**に示します。

リスト1　温度データをアップロードするスケッチの例

```
#include <SakuraAlpha.h>

SakuraAlphaI2C sakura;

void setup() {
  Serial.begin(9600);
  Serial.println("Waiting to come online...");
  for(;;){
    if( sakura.getNetworkStatus() == 1 ) break;
    delay(1000);
  }
}

void loop() {
  int a0, mv;
  float temp;
  a0 = analogRead(0);
  mv = map(a0, 0, 1024, 0, 5000);
  temp = (mv - 600) / 10.0;
  Serial.println(temp);

  sakura.writeChannel(0,temp);
  delay(5000);
}
```

＊

まずは、ライブラリを次のようにして読み込みます。

```
#include <SakuraAlpha.h>
```

そして、

```
SakuraAlphaI2C sakura;
```

のように、「SakuraAlphaI2Cクラスの変数」を用意することで、そのメソッドを使ってデータを送受信できます。

■ 通信モジュールのオンライン待ち

　通信モジュールは、通電すると接続を試み、自動的にオンラインになろうとします。

　データを送信する前には、オンラインになるまで待つ必要があります。
```
for(;;){
  if( sakura.getNetworkStatus() == 1 ) break;
  delay(1000);
}
```

　オンラインになるには、30秒ぐらいかかることも珍しくないので、焦らずに待ちましょう。

　オンラインかどうかは、通信モジュールの「LEDの光り方」や「さくらのIoT Platform αコントロールパネル」で確認できます。

■ データの送信

　データを送信するには、「writeChannelメソッド」を使います。
```
sakura.writeChannel(0,temp);
```

　第1引数の「0」は「チャンネル番号」で、「0」～「127」のいずれかの値をとれます。
　そして第2引数が、「書き込みたい値」です。

データを確認する

　送ったデータは、「さくらのIoT Platform αコントロールパネル」の「WebSocketの設定画面」から確認できます（**図5**）。

　この画面は、届いたデータを次々と表示しているだけで、蓄積しているわけではありません。
　ですから、Webブラウザをリロードすれば、それ以降のデータしか表示されません。

*

「さくらのIoT Platform α」を試す

次は、APIを使って、流れ来るデータを保存する方法などを説明します。

図5　アップロードされたデータを確認したところ

データをやりとりする2つの方法

次は、アップロードされた温度データを受信する方法を説明します。

「さくらのIoT Platform」には、データをやり取りする、2種類のAPIが提供されています（図6）。

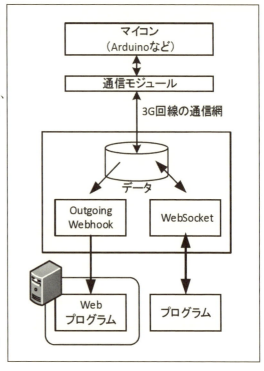

図6　データを受信するAPI

「Outgoing Webhook」を使う

①Outgoing Webhook（受信専用）
　Webサーバ上のプログラムを呼び出す方法です。データが届くと、あらかじめ指定しておいたURLが呼び出されます。
　マイコン側から、何かデータが届いたときの処理をしたいときに、向いています。

②WebSocket（送受信）
　データをストリーミング操作できるAPIです。
　WebSocketを構成すると、エンドポイントのURLが作られます。
　そのURLを読み書きすることで、それぞれのチャンネルデータを操作できます。
　連続してデータを次々と受信したいときや、マイコンに向けて、何かデータを送信したいときには、この方法を使います。

「Outgoing Webhook」を使う

　まずは、Outgoing Webhookを使う方法から説明しましょう。

■「Outgoing Webhook」を登録する

　「Outgoing Webhook」を利用するには、「さくらのIoT Platform α コントロールパネル」から登録します。
　登録画面には、「名前」「Payload URL」「Secret」の3つの項目があります（図7）。

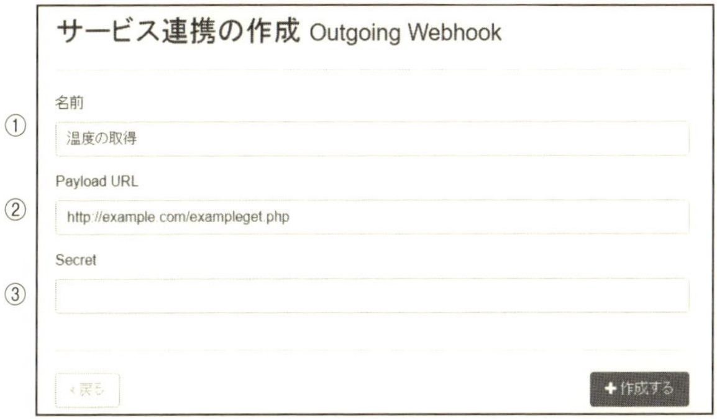

図7　Outgoing Webhookを登録する

「さくらのIoT Platform α」を試す

> ① 名前
> 　任意の名前です。
>
> ② URL
> 　呼び出されるURLです。データが届いたときに、このURLのプログラムが呼び出されます。
> 　Webサーバに「データを受信する処理を書いたプログラム」を置き（後述の**リスト2**）、そのURLを、ここに指定します。
>
> ③ Secret
> 　②の呼び出しに付随するデータが、本当に「さくらのIoT Platform」から送信されているかを確認するときに使うHMAC-SHA1秘密鍵です。
> 　指定すると、データに「X-Sakura-Signature」というヘッダが付き、HMAC-SHA1メッセージ署名が付けられます。この機能が必要ないときは、空欄でかまいません。

　②のURLには、悪意ある第三者が偽装したメッセージを送りつける可能性もあります。それを確認して排除する目的で使うのが、③のSecretです。

■ Outgoing Webhookを処理する

　「さくらIoT Platform」にマイコンからのデータが届くと、**図7**の②で指定したURLのプログラムが呼び出されます。

　このとき、「POSTデータ」として、次のようなJSON形式のデータが渡されます。
　見やすくするように改行していますが、実際は、改行されません。

```
{
  "module": "モジュール名",
  "payload":
    {"channels":
      [{"channel": 0,
        "value": 32.7,
        "type": "f"}]
```

```
    },
  "datetime": "2016-07-20T16:00:24.70910141Z",
  "type": "channels"
}
```

 たとえば、リスト2に示すプログラムを作ると、取得したデータを「/tmp/getdata.txt」というファイルに追記できます。
 ここでは例としてPHPを使いましたが、もちろん、どのようなプログラミング言語でも、同等のことができます。

リスト2　Outgoing Webhookの例（PHP版）

```php
<?php
$json_string = file_get_contents('php://input');
$decode = json_decode($json_string, true);

$filename = "/tmp/testdata.txt";

$channels = $decode['payload']['channels'];

foreach ($channels as $c) {
  file_put_contents($filename,
    sprintf("%s,%s,%s?n",
      $c['channel'],
      $c['type'], $c['value']),
    FILE_APPEND);
}
```

WebSocketを使う

もうひとつの方法が、WebSocketを使った方法です。
WebSocketを使う場合、接続しっ放しにして、データを読み書きできます。

■ WebSocketを登録する

まずは、WebSocketを登録します。

*

WebSocketを登録すると、「wss://」から始まるURLが割り当てられます。これが、プログラムから接続するときのURLとなります(図8)。

URLが分かると第三者から接続できてしまうので、このURLは公開しないようにしましょう。

図8
WebSocketのURLを確認する

■ WebSocketを受信するプログラムを書く

WebSocketを使って受信するプログラムは、どのようなプログラミング言語でも書けますが、ここでは、「Node.js」を使ってみます。

「Node.js」でWebSocketを使うには、「websocket-node」を使うのが簡単です。

次のようにインストールしましょう。
```
npm install websocket
```
*

実際に、websocketモジュールを使って、データを受信するプログラムは、**リスト3**のようになります。

データの受信形式は、Outgoing Webhookの場合と同じです。

WebSocketを使う

ここでは紙面の関係上、受信しか説明しませんが、WebSocketではPCからデータを送信して、マイコン側で受信することもできます。

リスト3　WebSocketの例（Node.js版）

```
var WebSocketClient =
  require('websocket').client;
var client = new WebSocketClient();

client.on('connectFailed', function(error) {
    console.log( error.toString());
});

client.on('connect', function(connection) {
    console.log('接続OK');

    connection.on('message', function(message) {
        var decode = JSON.parse(message.utf8Data);
        if (decode['payload'] && decode['payload']['channels']) {
           var ary = decode['payload']['channels'];
           for (var i = 0; i < ary.length; i++) {
               c = ary[i];
               console.log(
                 c['channel'] + ',' +
                 c['type'] + ',' +
                 c['value']);
      }
     }
  });
});

client.connect('wss://secure.sakura.ad.jp/iot-alpha/ws/0ef53d1a
-f968-XXXX-XXXX-XXXXXXXXXXXX');
```

「さくらのIoT Platform α」を試す

Webエンジニアにとって使いやすいIoT

「さくらのIoT Platform α」の大きな特徴は、「Webエンジニアにとって、とても使いやすいものである」という点ではないでしょうか。

*

送受信されるデータはJSONベースなので、とくに、「Outgoing Webhook」の場合は、「Ajaxのプログラミング」と、ほとんど変わりません。

「Web Socket」は、慣れないと難しいこともありますが、「Node.js」などではライブラリが提供されているので、さほど難しくありません。

*

そして、マイコン側の制御も簡単です。

通信モジュールは、電源を入れるだけで「さくらIoT閉鎖網」と3G回線でつながるため、プログラマーは、「接続する」という機能を実装する必要がなく、「接続完了を待ち、データを送る」というコードを書くだけですみます。

*

また、通信モジュールが「シリアル」「SPI」「I^2C」といった汎用インターフェイスに対応しているのも、魅力のひとつです。

とくに最近は、I^2Cを搭載したマイコンが増えています。

公式にサポートされているのは、「Arduino」ですが、「mbed」や「IchigoJam」そして、「TWE-Lite」など、I^2Cをサポートするマイコンなら、どれでも使えるのも魅力のひとつです。

「Raspberry Pi3」でIoT
新しく追加された通信機能を使う!

nekosan

シングルボード・コンピュータ「Raspberry Pi」の最新版、「Raspberry Pi3」が発売されました。
ここでは、「Raspberry Pi3」に新しく搭載された、「Wi-Fi」や「BLE」などの通信機能を使って、IoT的な使い方を模索してみます。

「Raspberry Pi3」の概要

■ CPU周り

「Raspberry Pi3」は、CPUコアの64ビット化や高クロック化などで、処理速度が大きく向上しました。

互換性にも配慮されており、CPU（SoC）の機能や、基板レイアウトについては、従来機種と互換性が保たれています。

※ただし、LEDの配置は変更されている。

「Raspberry Pi3」の基板配置

秋月電子通商 製品ページ
http://akizukidenshi.com/catalog/g/gM-10414/

一方、高速化に伴い、消費電力は最大「12.5W」(電流では「2.5A」)と増大しました。

供給能力が「1～2A」の、一般的なモバイル機器用充電器では、最大電力で利用する場合、容量不足になる恐れがあります。

実際の消費電力については、後ほど実測値をまとめます。

■ 通信機能

「Raspberry Pi3」では、「Wi-Fi」と「BlueTooth4.1」が、オンボードに標準搭載となりました。

「IoT機器」として利用する際、これらの通信用の外付けパーツは不要です。
そして、最新版の「Raspbian OS」(Raspberry Piに最適化されたLinux OS)となる「Jessie」では、これらの通信機能のドライバが標準で組み込まれており、単体でも「ネット通信」や「Bluetooth機器との接続」ができます。
開発言語について

■ インストールされている言語

「Jessie」には、あらかじめ、
・C/C++
・Python/Python3
・Perl
・Ruby
・Java
・node.js

など、Linux環境でよく利用される開発言語がインストールずみです。
ここでは、「Python3」を利用し、「GPIO」を制御してみましょう。

「Raspbian Jessie」を使う

■「Raspbian Jessie」のセットアップ

　公式サイトでは、「Raspbian Jessie」のOSイメージと、「NOOBS」[※]がダウンロードできます。
　「NOOBS」のほうが初心者でも扱いやすいのですが、SDカードの容量を少し多めに消費するようです。

　　　※各種OSをセッティングできるインストーラ。

「Raspbian Jessie」のダウンロードサイト
https://www.raspberrypi.org/downloads/raspbian/

　ここでは、直接「Raspbian Jessie」のOSイメージを書き込んで利用していますが、好きな方法を選んで問題ありません。

　なお、「X-Window」を含まない「Raspbian Jessie Lite」は、必要なストレージ容量が1GB程度に抑えられています。
　GUI機能を使わない場合にはお勧めだと言えるでしょう。

■「Jessie」の特徴

　以前の「Raspbian OS」は、コマンドラインモードで起動されましたが、「Jessie」では、電源を投入すると、直接「X-Window」が起動します。

　　　　　　＊
　「Jessie」の標準デスクトップシステムは、これまで同様に「LXDE」ですが、少しカスタマイズされており、画面全体がシンプルになっています。

「LXDE」デスクトップと設定メニュー

　また、以前は「raspi-config」というCUIコマンドで各種設定を行なっていましたが、「Jessie」では、GUI版の「Raspberry Pi Configuration」で、「言

語」や「ロケール」などの各種設定が簡単にできます。

「Wi-Fi設定」についても、一般的なLinux機と同様に、デスクトップ右上の「Wi-Fiアイコン」から行ないます。

こうしたGUI環境の利便性を見ると、OS、ハードともに「デスクトップPC」としての用途に軸足を置いているようです。

また、「Raspberry Pi3」を「IoT機器」として利用する場合でも、環境設定を一度GUI画面ですませると、設定から利用までが、短時間に行なえます。

GPIO制御

■ ファイル入出力によるGPIO制御

「Raspberry Pi3」の「GPIO端子」も、これまでと同じように、「ファイル入出力機能」経由で「GPIO」を扱うことができます。

そのため「GPIOライブラリ」が用意されていない開発言語でも、「GPIO端子」を通して入出力を行なうことが可能です。

■ GPIOライブラリ「PRi.GPIO」

ここでは、開発言語に「Python3」を使いますが、Python/Python3用に、「RPi.GPIO」というライブラリが用意されており、「Jessie」に標準でインストールされています。

■「LEDチカチカ」を行なってみる

「GPIOピンヘッダ」は、「Raspberry Pi model B+/A+」以降と同様に、40ピン構成で、これまでの「Raspberry Pi用アクセサリ」が利用可能です。

ここでは、「GPIO2端子」(3番ピン)を使って、「LEDチカチカ」(Lチカ)を行ないます。

「1kΩの抵抗」と「赤色LED」を、図のように配線し、以下のプログラムを実行すると、LEDが点滅します。

GPIO制御

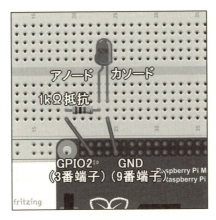

配線図

【LEDチカチカのプログラム】

```
#!/usr/bin/python3
import RPi.GPIO as GPIO
import time
GPIO.setmode (GPIO.BOARD)
GPIO.setup (3, GPIO.OUT)
for i in range (0, 5):
  GPIO.output (3, 1)
  time.sleep (1)
  GPIO.output (3, 0)
  time.sleep (1)
GPIO.cleanup ()
```

※配線図の作成には、「fritzing」を使用。
http://fritzing.org/home/

■「root権限」は不要

　「GPIO」にアクセスするプログラムは、「Wheezy」の場合、実行時に「root権限」(管理者権限)が必要でした。
　「Jessie」では、標準のユーザー「pi」が、各種「GPIOデバイス」(デジタル入出力、I2C、SPI、tty)へのアクセス権限が付与されており[※]、「sudo」を付けなくても実行できます。

※ユーザー「pi」が、それぞれのデバイスにアクセスできるgroupに所属。

「Raspberry Pi3」でIoT

実行結果

■ 消費電力と温度

　変更点のなかでも、「消費電力」や、それに伴う「CPUの発熱」については、特に気になる部分だと思います。

　CPU温度は、「vcgencmd measure_temp」で調べてみたところ、「45.6度」と表示されました（室温24度）。

　USB/LANの制御ICも、手で直接触っとところ、かすかに暖かい程度でした。

　また、Wi-Fi経由で軽い通信処理を行なったりしながら、消費電力計測器を使い、消費電流を実測してみたところ、「300mA」前後から大きく外れることはありませんでした。

　低負荷では、平均して「1.5～2W」程度と見ておけばいいでしょう。

　「初代Raspberry Pi」に比べても、消費電力は若干増加する程度に収まっているようです。

■ 試用結果

　OSのアイドリング状態や、「LEDチカチカ」のような軽負荷では、1コアの性能すら使い切っておらず、この程度の消費電力となっていると思われます。

　「Raspberry Pi3」は、消費電力が増大し、「2.5A電源」が必要とアナウンスされています。

　しかし、画像処理などの重い処理を行わなければ、もう少し小さい電源でも動作可能なようです。

＊

　次は、「GPIO」や「Wi-Fi」の通信機能を使って、もう少し複雑な実験を試してみます。

「GPSモジュール」との通信

■「GPSモジュール」の利用

「Raspberry Pi3」は、「GPS」を比較的簡単に接続することができます。

接続しやすいものとしては、「USBタイプのGPS」と、「シリアル接続タイプのGPS」がありますが、どちらを利用しても、プログラムからは「シリアルポート接続」(いわゆる「tty」)のデバイスとしてアクセスします。

ここでは、「秋月電子」などの電子部品店で入手可能で、「3.3V～6V」と広い電源電圧で動作する汎用のシリアル接続タイプGPSモジュール、「GMS6-CR6」を利用しました。

「GMS6-CR6」と「FTDI Basic Breakout」

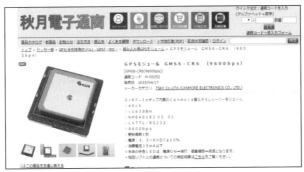

秋月電子の「GMS6-CR6」販売ページ
http://akizukidenshi.com/catalog/g/gM-09252/

■「NMEA」と「シリアル通信」

「GPS」からの通信信号は、「NMEA」という「海上電子機器」用の汎用フォーマットを使っています。

「NMEA」は、「GPS」以外にも「ソナー」や「風力計」など、いろいろな機器で利用されており、通常は「4800bps」のシリアル信号で通信します。

> ※筆者が購入したGPSモジュールは「4800bps」だが、現在販売中の同型品は、出荷時で「9600bps」に設定されている。
> 　このように、「GPSモジュール」によって、通信速度が異なっていたり、動作電圧に差がある場合もある。
> 　ただし、通信フォーマット自体は規格化されており、簡単な調整だけで今回のプログラムを利用できる。

「Raspberry Pi3」との接続

■ 2通りの接続方法がある

　シリアル接続タイプの「GPSモジュール」は、「RS-232Cレベル」と「TTLレベル」の2つの信号レベルが利用できます。

　ここでは、「TTLレベル」(LVTTL)の出力端子を使います。

＊

　このモジュールを「Raspberry Pi3」に接続する方法は、2通りあります。

　一つは、「40ピンのGPIO端子」にある「シリアル入出力端子」(UART端子)に、ジャンパ線などを使って直接つなぐ方法です。

　もう一つは、「USB-シリアル変換基板」を利用する方法で、この記事ではこちらを使います。

■「USB-シリアル変換基板」の利用

　「SparkFun社」のUSBシリアル変換基板「FTDI Basic Breakout」を使い、「GPSモジュール」をUSBコネクタに接続しました。

　他の変換基板でも、専用OSの「Raspbian」には、標準で各社のドライバがインストールずみなので、大半のものはつなげば認識されます。

■ 接続と配線方法

　「USBシリアル変換基板」を、USBケーブルで「Raspberry Pi3」に接続すると、「/dev/ttyUSB0」という名前で利用可能になります。

　「USBシリアル変換基板」を使わず、GPIOの「UART」端子に接続してもかまいません。

ライブラリ類の準備

※その場合、「シリアルログイン機能」を無効にする設定が必要なのと、デバイス名が「/dev/ttyAMA0」になるので注意。

＊

　「GPSモジュール」と「USB-シリアル変換基板」は、次の図のように「電源線」「GND線」「信号線」の3本で配線します。
（端子名は製品によって異なるので、適宜読み替えてください）。

　なお、「信号線」は、間違えて「出力端子同士」をつないだときの故障を防ぐために、直接配線せずに、「1kΩ程度の抵抗」をはさむと安全です。

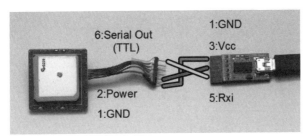

「GPSモジュール」の配線方法

ライブラリ類の準備

■「pyserial」によるシリアル通信

　シリアル通信には、「Python / Python3」用の「pyserial」ライブラリを利用します。

※なお、最新版の「Raspbian Jessie」には、インストールずみ。
　もしインストールされていないOSイメージを利用する場合、「apt-get」や「pip」を使う方法など、手順がネット上で紹介されている。

■「pynmea」による、NMEA信号の「parse」

　「NMEA」通信のフォーマットは、汎用の「CSV」（カンマ区切りデータ）です。

　一見すると扱いやすいデータに思えます。

しかし、データ項目や機種によってデータ長がまちまちだったり、いろいろなフォーマットのデータが混在して扱いにくいので、NMEA信号から各データ項目を簡単に切り出せる、「pynmea」ライブラリを利用するのが便利です。

＊

「pynmea」は、変数に格納された「NMEA形式」の文字列データを、扱いやすいフォーマットに解析（parse）するライブラリです。

「NMEA信号」と「parse処理」

■「NMEA信号」の行頭部分

「NMEA信号」は、「GPS」以外にもいろいろな機器で利用される信号をサポートしています。

今回、利用するのは、「GPS用の信号」のうち、「緯度や経度」のメッセージです。

```
$GPGGA,144804.000,3599.9999,N,13999.9999,E,1,09,1.0,10.4,M,39.3,M,,0000*6E
$GPGSA,M,3,57,17,19,06,23,09,03,28,02,,,,1.6,1.0,1.3*33
$GPRMC,144804.000,A,3599.9999,N,13999.9999,E,0.00,334.51,260416,,,A*6F
$GPGGA,144805.000,3588.8888,N,13988.8888,E,1,09,1.0,10.4,M,39.3,M,,0000*6F
$GPGSA,M,3,57,17,19,06,23,09,03,28,02,,,,1.6,1.0,1.3*33
$GPRMC,144805.000,A,3588.8888,N,13988.8888,E,0.00,334.51,260416,,,A*6E
$GPGGA,144806.000,3577.7777,N,13977.7777,E,1,09,1.0,10.4,M,39.3,M,,0000*6C
$GPGSA,M,3,57,17,19,06,23,09,03,28,02,,,,1.6,1.0,1.3*33
$GPRMC,144806.000,A,3577.7777,N,13977.7777,E,0.00,334.51,260416,,,A*6D
$GPGGA,144807.000,3566.6666,N,13966.6666,E,1,09,1.0,10.4,M,39.3,M,,0000*6D
$GPGSA,M,3,57,17,19,06,23,09,03,28,02,,,,1.6,1.0,1.3*33
$GPGSV,3,1,12,57,80,233,37,17,79,167,28,19,68,311,37,06,50,313,36*70
$GPGSV,3,2,12,23,43,091,36,09,42,137,34,03,30,046,29,28,15,200,27*7D
$GPGSV,3,3,12,02,12,288,18,01,09,089,12,12,10,318,,22,04,051,*72
$GPRMC,144807.000,A,3566.6666,N,13966.6666,E,0.00,334.51,260416,,,A*6C
$GPGGA,144808.000,3555.5555,N,13955.5555,E,1,10,0.9,10.4,M,39.3,M,,0000*62
$GPGSA,M,3,57,17,19,06,23,09,03,28,02,01,,,1.4,0.9,1.1*3A
$GPRMC,144808.000,A,3555.5555,N,13955.5555,E,0.00,334.51,260416,,,A*63
$GPGGA,144809.000,3544.4444,N,13944.4444,E,1,10,0.9,10.4,M,39.3,M,,0000*63
$GPGSA,M,3,57,17,19,06,23,09,03,28,02,01,,,1.4,0.9,1.1*3A
$GPRMC,144809.000,A,3544.4444,N,13944.4444,E,0.00,334.51,260416,,,A*62
```

「NMEA信号」の例（座標値修正ずみ）

「NMEA信号」の個々のメッセージは、「改行マーク」（CR/LF）で区切られています。

そして、行頭は「$GPGGA」のように、「$」マークから始まる6文字の文言（長さ固定）から始まっており、何のメッセージか判別できます。

「NMEA信号」と「parse処理」

このうち、2～3文字目の「GP」は「GPS信号」を指しています。

また、その後に続く3文字は、「そのメッセージの内容」を表わします。
たとえば、「GGA」は「緯度や経度などの基本情報」、「GSV」は「補足衛星の位置と信号強度」といった具合です。

＊

ここでは、「$GPGGA」のメッセージを拾って、観測地の「経度・緯度」を取り出します。

■「NMEA信号」のデータ本体部分

「NMEA信号」の行頭以外の部分には、「カンマ」で区切られたデータが並んでいます。

メッセージの種類によって、収録される項目数や長さは異なり、「GPS機器」によっても長さはマチマチです。
たとえば、"機種A"では経度緯度が「小数以下第4桁」まで、"機種B"では「小数以下第6桁」までといった具合です。

さらに、衛星の補足状態(電波状態)によってはデータが拾えず、「空欄」になっている場合もあります。
このため、単純に「何文字目から何文字取り出す」という処理では扱えません。

そこで利用するのが、先ほどの「pynmea」ライブラリです。

＊

「pynmea」ライブラリを使うと、1行ぶんの「NMEAメッセージ」(文字列)を元に、「カンマ」で区切られた各データごとに切り分けられます。

そして、

・緯度 (.latitude)
・北緯／南緯 (.lat_direction)
・経度 (.longtitude])
・東経／西経 (lon_direction)

131

「Raspberry Pi3」でIoT

のように、1個1個の変数（インスタンスのメンバ変数）として参照でできます。

＊

今回のプログラムでは、読み込んだメッセージの行頭が「$GPGGA」の場合、「GPGGA()」メソッドで、各データに切り分けています。

そして、メッセージが有効であれば、個々のデータを取り出しています。

＊

なお、簡略化のため、「北緯(N)か南緯(S)」が入っているかで有効と無効の判断を行なっています。

```
pi@raspberrypi:~ $ ./python_gps3.py
/dev/ttyUSB0
---------------------------
$GPGGA,144603.000,3599.9999,N,13999.9999,E,1,10,0.9,10.4,M,39.3,M,,0000*67
GPS time  : 144603.000
Latitude  : N3599.9999
Longitude : E13999.9999
Altitude  : 10.4
---------------------------
$GPGGA,144604.000,3588.8888,N,13988.8888,E,1,10,0.9,10.4,M,39.3,M,,0000*60
GPS time  : 144604.000
Latitude  : N3588.8888
Longitude : E13988.8888
Altitude  : 10.4
---------------------------
$GPGGA,144605.000,3577.7777,N,13977.7777,E,1,10,0.9,10.4,M,39.3,M,,0000*61
GPS time  : 144605.000
Latitude  : N3577.7777
Longitude : E13977.7777
Altitude  : 10.4
---------------------------
```

実行した結果の表示例

プログラムの詳細や、もう少し具体的な使い方は、「サポートページ」を参照してください。

※プログラムは、「Python3」で動くように組んでいるが、「Python2」でも、プログラム中のコメントにしたがって一部修正することで、動かすことができる。

＊

「Raspberry Pi3」は、このような「シリアル・デバイス」を、GPIO端子でも、USBコネクタでも扱うことができるのが、ほかのマイコンと比較して、利便性が良いと言える点でしょう。

＊

次は、この「GPS」からの情報を、コンソール表示だけでなく、「ネット通信」と連携させてみます。

「Raspberry Pi 3」と「Web通信機能」

「Raspberry Pi 3」と「Web通信機能」

こんどは、「Raspberry Pi 3」で、「GPS」から受信した情報を利用し、「Twitter」のボットでつぶやいてみます。

■「内蔵Wi-Fi」と「Raspbian」

「Raspberry Pi 3」は、「Wi-Fi」と「Bluetooth4.1」の無線通信機能を内蔵します。

そして、「Raspbian OS」がこれらの無線通信機能をサポートしています。

この「Wi-Fi機能」を使って、「GPSデータ」と「Web」を連動してみましょう。

■「Raspberry Pi 3」と「Web」の連動

「Raspberry Pi 3」は、ひとつの独立したLinux機なので、一通りの「Web通信機能」をもっています。

そのため、「Apache」などを利用したWebサーバや、「REST」を使ったインタラクティブな通信など、よく使われているようなWeb技術は一通り利用可能です。

「GPS」の制御を扱ったので、こんどは、この「GPS情報」を、「Twitter」サービスと組み合わせて、「つぶやくプログラム」(ボット)を作ってみます。

＊

「Twitter」は「API」が公開されており、「REST」でアクセスできるようになっています。

ただし、素の「API」を利用するといろいろと手間がかかるので、「Python」で利用できる「Twitter用ライブラリ」を利用します。

「Raspberry Pi3」でIoT

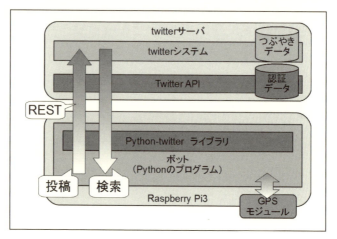

「Twitter API」の通信の流れ

「Twitter」との連動

■「Twitterのボット」の動作

通常「Twitter」は、つぶやく文言をスマホやPCで入力して投稿します。つまり、"手動"で情報を入力して投稿します。

そして、手動ではなく、プログラムが自動的に文言を生成してつぶやくのが、いわゆる「Twitterボット」です。

■「Twitter API」の利用について

「Twitter」は、公開されている「API」を通して、プログラム（ボット）からつぶやきの文言を投稿したり、タイムラインを取得したり、などの操作ができるようになっています。

ただし、以前、大量に「ボット」を作って、無意味なつぶやきを行なう迷惑行為をした人がいました。

そのため、現在はそうした迷惑行為を避けるために、一定時間につぶやける数を制限したほか、「携帯電話番号の登録」や、「OAuthによる認証」などが必要になっています。

「Ttwitterライブラリ」と「認証情報」

■「Twitter API」の認証について

「Twitterのボット」(自作のアプリケーション)が「Twitter API」と通信する際、きちんと許可されたものかを確認するために、認証処理が行なわれます。

この確認には、以前は「Basic認証」という、比較的簡単な仕組みを使っていました。

現在は、もう少し厳密に認証を行なうために、「OAuth」(オープンプロトコルの認証サービス)を利用しています。

OAuth
http://oauth.net/

＊

「OAuth」は、「Basic認証」に比べると、取り扱いは少し複雑です。

このため、「TwitterのAPI」を扱う「ライブラリ」がいろいろと公開されており、ここでもそのライブラリを利用します。

「Ttwitterライブラリ」と「認証情報」

■ Python-twitterライブラリ

Python言語から「Twitter」を扱うライブラリは、いくつか存在します。

その中でも比較的メジャーで、かつ現在もバージョンアップが続けられている「Python-twitter」ライブラリを使ってみます。

＊

「Python-twitter」ライブラリは、現在は「Python2」しか対応していません。
ただし、「Python3 RC版」(リリース前の評価版)が公開されており、近いうちに「Python3」でも利用可能になる見込みです。

■認証に必要な情報の準備

「Twitter」を「ボット」と連動させるためには、「Twitterの開発者用ページ」で、認証用情報を生成する必要があります。

> ※この認証用情報を生成するには、携帯電話の番号で、Twitterアカウントを認証しておく必要がある。

この開発者用ページで、「アプリケーションの生成」と、「アクセストークンの生成」を行ない、プログラムが認証で利用するトークンを生成します。

「ボット」に「Twitter」の操作を行なわせることは、言ってみれば、自分以外の誰か(ボットのプログラム)が、自分のTwitterアカウントの各種操作を、「自分に代わって行なうことを許可」することです。

そのために、事前に「アプリケーションの生成」(ボットの名前などを登録しておくこと)や、「アクセストークンの生成」(許可されたボットかを判断する「符丁」)を、あらかじめ用意しておく必要があります。

なお、これらの情報は、他の人には見られないように注意しましょう。

開発者用ページのサイト
http://dev.twitter.com

「ボット」を作ろう

■「GPS情報」を「ボット」につぶやいてみる

「Raspberry Pi 3」に「GPS」を接続して、「座標データ」(現在の緯度/経度)を取得しました。

このプログラムを少し改造して、「座標データ」を「Twitter」に投稿してみましょう。

「ボット」を作ろう

*

「Python-twitterライブラリ」は、「import twitter」で読み込めます。

このライブラリの「twitter.API」クラスに、「アクセストークン」の4つの情報を指定すると、「ボット」がアクセス可能になります。

そして、「PostUpdate」メソッドに文字列を渡すと、つぶやくことができます。

GPSから「$GPGGA」のメッセージを拾って、それが有効なメッセージ(北緯か南緯かが埋められている)の場合、その座標をつぶやいて、プログラムは終了します。

つぶやいた結果

なお、「アクセストークン」の4つの情報は、プログラム中に表示しておくと、人目につきやすく安全上よくないので、別ファイルに分けてみました。

「Raspberry Pi3」でIoT

■ さらなる改良点

できるだけシンプルなプログラムにするために、あまり機能は盛り込んでいません。

Pythonの「time」ライブラリや、Linuxの「cron」機能などを利用すれば、「一定時間ごとに自動的につぶやく」ことも簡単にできるでしょう。

*

他にも、「モバイル・ルータ」などと組み組み合わせれば、移動中に定期的に座標をつぶやき、移動経路を公開することもできます。

ただし、個人の居場所をピンポイントで扱っているので、公開範囲を限定するなど、くれぐれも注意してください。

■ 他の「API」や「センサ」との連携

また、「つぶやく」だけでなく、「GPSの座標」を利用すると、「google map」などのWebサービスと連携させることも可能です。

*

最初に紹介した「GPIO」の入出力ライブラリを使ったり、「SPI」や「I2C」のライブラリを通して、「加速度」や「温度」などのセンサを扱ったり、「GPS」の代わりに「Arduino」を接続してみる、といった応用も考えられます。

また、「農業用ハウス」などに設置し、Webサーバを稼動させておいて、離れたところからアクセスするほか、一定周期ごとに、センサの情報をつぶやくといった応用も考えられます。

「Linux OS」や無線通信を搭載した「Raspberry Pi 3」を使うと、APIが公開されている各種Webサービスと、簡単に連携できるでしょう。

「konashi」と「Koshian」でIoT
JavaScriptではじめるBLEプログラミング　大澤 文孝

「konashi」(こなし)は、ユカイ工学が開発した「フィジカル・コンピューティングツールキット」です。

「konashi」とは

「konashi」は、たくさんの「I/Oピン」が搭載された「BLE」(Bluetooth Low Energy)搭載のハードウェアです。

最新の「konashi 2.0」には、次の「制御ピン」があります。

また、基板上には、「LED」や「スイッチ」も搭載されています(図1)。

- デジタルI/Oピン … 6本
- PWM出力 ………… 3本
- アナログI/O入力 … 3本
- I2C ……………… 1組
- UART通信 ………… 1組

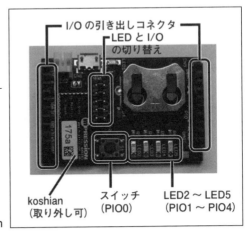

図1　konashiとKoshian

※旧バージョンの「konashi」と「konashi 2.0」とではピン数が異なる。初期バージョンの「konashi」は、すでに製造が終了している。ここで「konashi」と呼んだ場合には、「konashi 2.0」を指すものとする。

「konashi」と「Koshian」でIoT

■「Koshian」を取り外して、さらに小型化

　「konashi」には、「Koshian」(こしあん)と呼ばれる「BLEモジュール」が搭載されています。

　「Koshian」は、取り外して、ブレッドボードなどに取り付けて、それ単体での動作もでき、より小さく、安価に組み立てられます。

　「konashi」も「Koshian」も、「マクニカオンラインストア」にて購入できます。

　価格は、それぞれ、3,980円、980円です(税抜)。

```
https://store.macnica.co.jp/products/yukaigong-xue_ye-wpc002
```

■ iOSとAndroidに対応

　「konashi」は、「BLE」で制御します。

　「iOS」と「Android」に対応していますが、主は「iOS」です。
　「Android版のSDK」は、「iOS」に比べて開発が少し遅れています。

　「iOS」では、「SDK」を使って「Objective-C」でプログラミングできるほか、「JavaScript」での開発もできます。
　ここでは、「iPhoneでJavaScriptを使って、konashiを制御する方法」を、説明します。

JavaScriptでIoT

　「JavaScript」でプログラミングするには、「konashi.js」というiOSアプリを使います(無償)。

　「konashi.jsアプリ」は、SDKをラップするWebViewで構成されています。

　このアプリを使うと、「JavaScript」「HTML」「CSS」を記述するだけで、「konashi」を制御できます。

JavaScriptでIoT

■ ソースコードはパソコンで書く

「konashi.jsアプリ」は、「iPhone」や「iPod touch」で動作させるものですが、ソースコードの編集機能は、ありません。

「ソースコード」は、あらかじめWebからアクセスできる場所に用意しておき、それを実行する、という方法をとっています。

*

ソースコードを読み込むには、2つの方法があります。

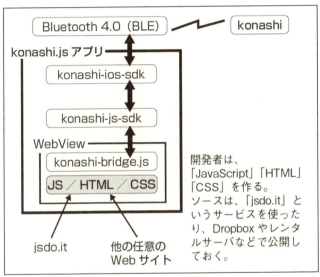

図2　konashi.jsアプリの仕組み

① 「jsdo.it」と連携する

1つ目の方法は、カヤックが提供しているWebサービス「jsdo.it」を利用する方法です。

「jsdo.it」は、「HTML」や「JavaScript」「CSS」を記述して、すぐに動作を試せる「Web環境」です。

http://jsdo.it/

「jsdo.it」にログインしてソースを記述して保存し、公開設定しておくと、「konashi.jsアプリ」で検索して読み込めます。

②ソースのURLを指定する

　もうひとつの方法は、ソースを適当なWebサーバに置き、そのURLを指定する方法です。

　「Dropbox」にソースファイルを保存して共有設定し、その共有URLを用いることもできます。

＊

　ここでは、①の方法でプログラムを作っていきます。

LEDをチカチカさせる

では実際に、「konashi」をJavaScriptで制御してみましょう。

　まずは、基本となる「Lチカ」(LEDを"チカチカ"させること)から始めます。
　「konashi」の基板上には、4つのLEDが付いています。いちばん左の「LED2」を光らせてみましょう。

■「jsdo.it」でコードを記述する

　まずは、「jsdo.it」にログインし、ソースコードを記述します(**リスト1**)。

リスト1　konashiで「Lチカ」させる例

```html
<html>
  <!-- ①ライブラリの読み込み -->
  <script src="http://konashi.ux-xu.com/kjs/konashi-bridge.min.js"></script>
  <script>
    // ②konashiの検索
    function findKonashi () {
      k.find ();
    }
    // ③接続完了と初期化
    k.ready (function () {
      k.pinMode (k.LED2, k.OUTPUT);
    });
    // ④デジタル出力の制御
```

LEDをチカチカさせる

```
    function touchLED (flag) {
      k.digitalWrite (k.LED2, flag ? k.HIGH : k.LOW);
    }

  </script>
  <body class="container">
    <h1>LEDの点灯テスト</h1>
    <input type="button" value="konashiを探す" onclick="findKon
ashi ();"><br>
    <input type="button" value="LED ON" onclick="touchLED (true
);"><br>
    <input type="button" value="LED OFF" onclick="touchLED (fal
se);"><br>
  </body>
</html>
```

リスト1では、次の処理をしています。

---

①ライブラリの読み込み

まずは、「konashi」の「JavaScriptライブラリ」を読み込みます。

```
<script src="http://konashi.ux-xu.com/kjs/konashi-bridge.min.js">
</script>
```

このスクリプトを読み込むと、グローバル変数「k」が、「konashi」を制御するオブジェクトとして設定されます。

※konashiのAPIについては、http://konashi.ux-xu.com/documents/ を参照。

②konashiの検索

次に、「konashi」を検索します。findメソッドを呼び出します。

```
k.find ();
```

③接続完了と初期化

findメソッドを呼び出すと、画面の下に、近隣の「konashi」が表示されます。

ユーザーが、それを選ぶと、接続されます(後掲の図3)。

接続が完了したときには、あらかじめ「readyメソッド」で設定しておいたコールバック関数が呼び出されます。

このコールバック関数で、各種の初期化をします。

リスト1では、次のように「pinModeメソッド」を呼び出して、「LED2」のピン（これはPIO1と同じ）を出力（OUTPUT）に設定しています。

```
k.ready (function () {
  k.pinMode (k.LED2, k.OUTPUT);
});
```

④デジタル出力の制御

「digitalWriteメソッド」を呼び出すと、デジタル出力を「オン」「オフ」できます。

```
k.digitalWrite (
  k.LED2, flag ? k.HIGH : k.LOW);
```

■ 実行する

「jsdo.it」でソースコードを入力したら、「iPhone」で「konashi.jsアプリ」を起動して、ソースコードを読み込みます。

「konashi.jsアプリ」では、「ユーザー名」や「タグ」でコードを検索できます。

※リスト1のプログラムはユーザー検索で「fumitaka.osawa」を指定すると表示されるはず。

検索して読み込んで実行すると、画面に3つのボタンが表示されます（図3）。

[konashiを探す]をタップすると、近隣のkonashiが表示されるので、接続したいkonashiをタップしてください。

そののち、[LED ON]をタップすれば、konashi上の「LED2」（いちばん左）が光り、[LED OFF]をタップすれば、消えるはずです。

LEDをチカチカさせる

*

　次は、プッシュボタンの「オン」「オフ」を知る方法、そして、konashiにさまざまなセンサーを追加する「Uzuki」(うずき)を使って、温度などを参照する方法を説明します。

図3　konashiのLEDを光らせる例

「konashi」と「Koshian」でIoT

デジタル入力とアナログ入力を使う

こんどは、「基板上の"スイッチ"の"押下"を判定する方法」、そして「温度センサを取り付けて、温度を計測する方法」を説明します。

スイッチの「オン/オフ」を判定する

konashiには、デジタルI/Oピンが6本あり、そのうちの1つが、ボード上のプッシュ・スイッチに接続されています。

まずは、この「プッシュ・スイッチ」(図4)が押されているかを調べるプログラムを作ってみましょう。

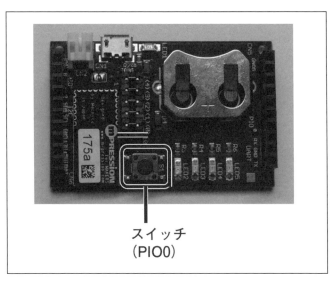

図4 「konashi」に配置された「プッシュ・スイッチ」

■「ポート」を「INPUT」に設定して読み込む

スイッチの状態を調べるには、ポートを「入力」に設定して、digialReadメソッドを呼び出します。

スイッチの「オン/オフ」を判定する

リスト2　スイッチの状態を調べる例

```html
<html>
  <script src="http://konashi.ux-xu.com/kjs/konashi-bridge.min.js"></script>
  <script>
    function findKonashi() {
      k.find();
    }
    k.ready(function() {
      // 入力モードにする
      k.pinMode(KonashiS1, k.INPUT);
    });

    function checkSwitch() {
      // 状態を得る
      k.digitalRead(k.S1, function(data){
        alert("状態" + data);
      });
    }
  </script>
  <body class="container">
    <h1>スイッチのテストその1</h1>
    <input type="button" value="konashiを探す" onclick="findKonashi();"><br>
    <input type="button" value="ボタンのチェック" onclick="checkSwitch();">
  </body>
</html>
```

【解説】
　まず、スイッチが接続されているポートを、「入力」に設定します。

```
k.pinMode(KonashiS1, k.INPUT);
```

　スイッチの状態は、「digitalReadメソッド」で調べることができます。

```
k.digitalRead(k.S1, function(data){
  alert("状態" + data);
});
```

147

「konashi」と「Koshian」でIoT

「digitalReadメソッド」は、すぐに結果が返されるわけではなく、BLE通信して、結果が戻ってきたら、コールバック関数が呼び出されるという「非同期の処理」になります。

■ イベントを使う

実際に「プッシュ・スイッチ」を使うときは、「その瞬間に、スイッチが押されているかを調べたい」のではなくて、「スイッチが"押されたとき"や"離されたとき"など、"状態が変わったとき"に通知してほしい」ことが多いと思います。

そのようなときには、「イベント」を使います。
たとえば、リスト3のようにすると、スイッチの押下・押上に伴い、画面のメッセージが変わるようにできます。

リスト3　スイッチの状態変化を知る例

```html
<html>
  <script src="http://konashi.ux-xu.com/kjs/konashi-bridge.min.js"></script>
  <script>
    function findKonashi() {
      k.on(k.KONASHI_EVENT_UPDATE_PIO_INPUT, function() {
        k.digitalRead(k.S1, function(data){
          document.getElementById("switch").innerHTML = data ? "オン" : "オフ";
        });
      });
      k.find();
    }
    k.ready(function() {
      k.pinMode(KonashiS1, k.INPUT);
    });
  </script>
  <body class="container">
    <h1>スイッチのテストその2</h1>
    <input type="button" value="konashiを探す" onclick="find Ko
```

アナログ・センサを使う

```
nashi();"><br>
    スイッチの状態：<span id="switch">不明</span>
  </body>
</html>
```

【解説】

konashiでは、

```
k.on(イベント名, function() {
});
```

という書式で、イベントハンドラを定義できます（**表1**）。

スイッチの押下・押上を把握したいなら、「k.KONASHI_EVENT_UPDATE_PIO_INPUT イベント」を用います。

表1　主なイベントの種類（抜粋）

イベント定数	発生するタイミング
k.KONASHI_EVENT_CONNECTED	konashiに接続したとき
k.KONASHI_EVENT_DISCONNECTED	konashiとの接続を切断したとき
k.KONASHI_EVENT_READY	konashiへの接続が完了したとき
k.KONASHI_EVENT_UPDATE_PIO_INPUT	I/Oの入力の状態が変化したとき
k.KONASHI_EVENT_UPDATE_ANALOG_VALUE	AIOのどれかのピンの電圧が取得できたとき
k.KONASHI_EVENT_UPDATE_ANALOG_VALUE_AIO0〜 AIO2	AIO0〜2の電圧が取得できたとき
k.KONASHI_EVENT_I2C_READ_COMPLETE	I2Cからデータを受信したとき
k.KONASHI_EVENT_UART_RX_COMPLETE	UARTからデータを受信したとき

アナログ・センサを使う

konashiには、「AI0」「AI1」「AI2」の3本のアナログ入力（AIO）があります。

ここでは、「LM61」という温度センサを「AIO0」に接続し、温度を調べる例を示します。

「AIO」のピンは、「konashi」の左側から出ています。ここでは、図5のように「LM61」を接続します。

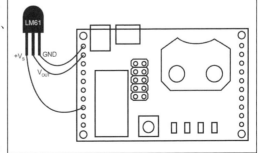

図5　LM61を接続する

このとき、リスト3に示すプログラムを使うと、温度を取得できます（図6）。

アナログ電圧の取得には、しばらく時間がかかります。
そこで「konashi」では、「要求を出すと、電圧計測が始まり、計測が完了するとコールバック関数が呼び出される」という流れで構成されています。

リスト4では、5000ミリ秒（5秒）間隔で計測を繰り返すようにしてあります。

リスト4　LM61で温度を取得する例

```
<html>
  <script src="http://konashi.ux-xu.com/kjs/konashi-bridge.min.js"></script>
  <script>
    function getAio() {
      k.analogReadRequest(k.AIO0);
    }

    k.updateAnalogValueAio0(function(data){
      var t = (data - 600) / 10;
      document.getElementById("value").innerHTML = t;
      setTimeout("getAio()", 5000);
    });

    function find Konashi() {
      k.find();
    }
    k.ready(function() {
      getAio();
    });
  </script>
  <body class="container">
    <h1>温度の取得</h1>
    <input type="button" value="konashiを探す" onclick="find Konashi();"><br>
    温度：<span id="value">不明</span>
```

アナログ・センサを使う

```
  </body>
</html>
```

【解説】

まずは、「AIO0」の計測が終わったときに呼び出されるコールバック関数を定義します。

「updateAnalogValueAio0メソッド」を使います。

```
k.updateAnalogValueAio0(function(data){
…処理…
});
```

計測を始めるには、「analogReadRequestメソッド」を呼び出します。

```
k.analogReadRequest(k.AIO0);
```

すると、先のコールバック関数が呼び出されます。

LM61の場合、電圧と温度の関係は、次の式の通りです。

温度 [℃] = (電圧 [mV] - 600) / 10

そこで、次のようにして温度を画面に表示します。

```
var t = (data - 600) / 10;
document.getElementById("value").innerHTML = t;
```

図6　リスト3の実行結果

＊

次は、「I²C」を使う方法を説明します。

「konashi」と「Koshian」でIoT

I²Cセンサ・シールド「Uzuki」

「Uzuki」は、マクニカ社が開発した「I²C※センサ・シールド」です。

※「Inter-Integrated Circuit」の略で、フィリップス社が開発したシリアルバス規格。

以下のセンサが搭載されており、「konashi」や「Arduino」に接続できます。
- ADXL345 ……「加速度」センサ
- Si7013…………「温湿度」センサ
- Si1145…………「近接照度」「UV指向」センサ

ここでは、この「Uzuki」を「konashi」に接続し、「Si1145」を使って、照度を測ってみます。

※「Uzuki」は「konashi」と「Arudino」の両方に対応しており、どちらに接続するのかを「ジャンパ・ピン」で設定。
接続する際には、説明書をよく読んで、「ジャンパ・ピン」の設定を間違えないように注意。

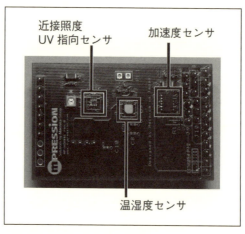

図7　Uzuki

I²Cセンサ・シールド「Uzuki」

■「I²Cデバイス」を特定する「アドレス」

「I²C」は、「信号線」と「クロック」の2本の回線で、「センサ」などのデバイスを接続する仕組みです。

すべての「デバイス」は、同一配線上にあり、固有の「アドレス」をもっています。

「Uzuki」の場合は、それぞれの「センサ」が図8に示すアドレスをもっています。

たとえば、照度センサの「Si1145」にアクセスするなら、「0x60」のアドレスにアクセスするという具合です。

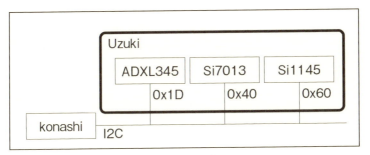

図8　Uzuki上のデバイス

■「レジスタの読み書き」で操作する

「I²Cデバイス」は、「レジスタ」という、「読み書き可能なメモリ」をもっています。

「I²Cデバイス」を制御するときは、この「レジスタ」を読み書きします。
＊
たとえば、「センサの計測値」がほしいなら、レジスタに、「初期化パラメータ」や「センサからの取り込みを始めてほしいという指示」などを書き込みます。

すると、計測が始まり、計測が終わると、その値がレジスタに保存されます。

保存されたレジスタから値を読み出せば、センサの値が分かります。

「konashi」と「Koshian」でIoT

＊

デバイスがもつレジスタの数や意味は、デバイスごとに異なるので、メーカーが配布している「データシート」で調べます。

たとえば、今回用いる「Si1145」は、下記のURLから「データシート」を入手できます。

http://jp.silabs.com/products/sensors/infraredsensors/Pages/Si114x.aspx

※レジスタを通じたデバイスの制御方法は、どのようなマイコンから操作するときも同じです。
ですから、もし、同じ「センサ」を使った「Arudino」や「mbed」の「サンプル・プログラム」があれば、「konashi」でプログラミングするときも、それらを参考にできます。

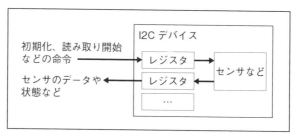

図9　「I²Cデバイス」を制御する概念

「konashi」で「I²C操作」する

「Uzuki」には3種類のセンサが搭載されていますが、このうち、照度センサの「Si1145」を使って、「明るさ」を測る例をリスト5に示します。

リスト5　照度を測る例

```
<html>
  <script src="http://konashi.ux-xu.com/kjs/konashi-bridge.min.js"></script>
  <script>
  var SI1145 = 0x60;
  function findKonashi() {
    k.find();
  }
```

```javascript
k.ready(function() {
  // I2CをFastモードに設定
  k.i2cMode(k.KONASHI_I2C_ENABLE_400K);
  // センサーの初期化
  initialize();
  // 定期的な計測開始
  setInterval("readData()", 500);
});

function initialize() {
  var settings = [
    [0x07, 0x17],
    [0x0f, 0x0f],
    [0x09, 0x40],
    [0x17, 0x0b],
    [0x18, 0xa1],
    [0x18, 0x0d]
  ];

  // 読み込み関数の登録
  for (var i = 0; i < settings.length; i++) {
    var datas = settings[i];
    k.i2cStartCondition();
    k.i2cWrite(datas.length, datas, SI1145);
    k.i2cStopCondition();
  }

  // I2C受信完了メソッドの登録
  k.completeReadI2c(function() {
    // データを2バイト読み込む
    k.i2cRead(2, function(value) {
      // 照度を計算する
      var ps = value[1] * 256 + value[0];
      document.getElementById("value").innerHTML = ps;
    });
  });
}

function readData() {
  // 読み込みコマンドを出す
```

「konashi」と「Koshian」でIoT

```
    k.i2cStartCondition();
    // 0x26レジスタを指定する
    k.i2cWrite(1, 0x26 ,SI1145);
    // 読み込む
    k.i2cRestartCondition();
    // 2バイト読み込む
    k.i2cReadRequest(2,SI1145);
    k.i2cStopCondition();
  }
</script>
<body class="container">
  <h1>照度の取得</h1>
  <input type="button" value="konashiを探す" onclick="findKonashi();"><br>
  照度：<span id="value">不明</span>
</body>
</html>
```

実行すると、図10のように「周囲の明るさ」が表示されます。

センサを手で覆い隠すと、明るさの値が変化します。

図10 「リスト1」の実行例

「konashi」で「I²C操作」する

■「I²Cデバイス」を初期化する

「I²Cデバイス」を使うには、まず、デバイスを「初期化」します。

「初期化」の方法は、「I2Cデバイス」によって異なりますが、「適切なレジスタに、適切な設定値を書き込む」という流れになります。

「konashi」では、

① 「i2cStartConditionメソッド」で通信を開始する
② 「i2cWriteメソッド」でレジスタにデータを書き込む
③ 「i2cStopConditionメソッド」で通信を終了する

という流れになります。

②のところで、どのようなデータを送ると初期化できるのかは、「Si1145」のデータシートで調べます。

ここでは、マクニカ社が提供しているサンプルを参考に初期化データを構成しました。

http://jsdo.it/mpression/4NvK

■「センサ」の「値」を読み込む

「センサ」の「値」を読み取るには、まず、「読み込みたい」という命令などを「レジスタ」に書き込みます。

次に、「i2cReadRequestメソッド」を使って、「何バイト読み込みたいか」を指定します。

リスト5では、「readDataメソッド」で、その処理をしています。

「Si1145」は、「データシート」によると、「0x26」のレジスタから「2バイトぶん」を読み取ると、「照度データ」がとれるので、次のようにしています。

```
// 読み込みコマンドを出す
k.i2cStartCondition();
// 0x26レジスタを指定する
k.i2cWrite(1, 0x26 ,SI1145);
// 読み込む
k.i2cRestartCondition();
```

「konashi」と「Koshian」でIoT

```
// 2バイト読み込む
k.i2cReadRequest(2,SI1145);
k.i2cStopCondition();
```

「I2Cデータ」の「読み取り」が完了すると、事前に「completeReadI2cメソッド」で指定しておいた「メソッド」が呼び出されます。

リスト5では、次のようにして、読み込んだ「2バイト」を読み込んでいます。

```
k.completeReadI2c(function() {
  // データを2バイト読み込む
  k.i2cRead(2, function(value) {
    // 照度を計算する
    var ps = value[1] * 256 + value[0];
    …略…
```

「I²C」に「液晶モジュール」をつなぐ

同様の方法で、「加速度センサ」や「温湿度センサ」の値も参照できます。

これらについては、マクニカ社が提供しているサンプルを参考にしてください。

http://jsdo.it/mpression/M0gD

また、「Uzuki」に外部の「I²Cデバイス」をつなぐこともできます。

たとえば、「I²C」の「液晶モジュール」を接続して、そこに「文字を出力する」ような電子工作もできます。

さまざまな電子工作に、ぜひ、活用してみてください。

索引

五十音順

あ行
- あ アクチュエータ ……………56
- アナログ・センサ …………149
- アナログ出力 ………………71
- え 衛星補足 ……………………95
- 液晶モジュール ……………61
- お オペアンプ ……………………81
- 温度センサ …………………64
- オンライン・コンパイラ …44

か行
- き 気圧センサ …………………64
- キッチンタイマー ……………80
- く 組み込み用プロセッサ ………8

さ行
- さ サーボモータ ……………60,77
- さくらのIoT Platform ……108
- し シールド ……………………35,72
- シリアル通信 ………………72
- す 水分センサ …………………62
- スケッチ ……………………36

た行
- た タクトスイッチ ……………53
- タッチセンサ ………………53
- ち ちょっとすごいロガー ………63
- て デジタル出力 ………………70

は行
- ふ ブレッドボード ………………73
- ほ ボット ………………………134

ま行
- ま マイコン ………………………8
- マウス …………………………78

ら行
- れ レジスタ ……………………153

わ行
- わ ワンチップ・マイコン ………8

英数字順

数字
- 9軸モーションセンサ ………64

A
- Arch Linux ……………………33
- Arduino ………………………34,70
- Arduino BT ……………………39
- Arduino Due ……………………37
- Arduino Ethernet ……………39
- Arduino GROVE ………………56
- Arduino IDE …………………36
- Arduino Leonardo …………37
- Arduino Mega 2560 …………38
- Arduino Mega ADK …………38
- Arduino Micro ………………38
- Arduino Mini …………………38
- Arduino Nano …………………38
- Arduino Programing Language …36
- Arduino Uno …………………34
- Arduinoクローン ……………40

B
- BCM2837 ………………………30
- BCM43438 ……………………30
- BLE ……………………………139
- blink …………………………36

C
- CCS-C …………………………87
- Cortex-M0 ……………………43

D
- DGPS ……………………………99

E
- Edison …………………………15
- ESP-WROOM-02 ………………103

F
- FlashAir ……………………106

G
- Galileo ………………………39
- GPIO …………………………124
- GPS ……………………………64
- GR-COTTON ……………………52
- GR-SAKURA ……………………52

H
- HITEC-C ………………………87

I
- I^2C端子 ……………………61,74
- IchigoJam ……………………46
- ICSPCLK ………………………83
- ICSPDAT ………………………83
- IDE ……………………………76
- IoT ……………………………11

K
- konashi ………………………139
- Koshian ………………………140

L
- LilyPad Arduino SimpleSnap …35
- LTEPi for D …………………103

M
- M2M ……………………………102
- MaBeee ………………………105
- Machine to Machine ………102
- mbed ……………………………41
- mbed OS ………………………44
- MCLR端子 ……………………83
- MML ……………………………46
- MPLAB …………………………83
- Music Macro Language …46

N
- nanoSIMカード ……………103
- NMEA ……………………68,130
- NOOBS …………………………32

O
- Outgoing Webhook …………115

P
- PanCake ………………………46
- parse処理 ……………………130
- PIC16F785 ……………………81
- PICkit3 ………………………81
- PICライター …………………81
- PWM出力 ………………………71
- pynmea ………………………130
- Python ………………………135

Q
- Quark …………………………39

R
- Raspberry Pi ………………28
- Raspbian ………………………32
- Raspbian Jessie ……………123
- RISC OS ………………………33
- RTK ……………………………99

S
- SainSmart Uno ………………40
- SPI ……………………………74

T
- Twitter API ………………134

U
- UART ……………………………75
- Uzuki …………………………152

W
- WebSocket ……………………118
- Windows10 Core IoT ………33

[執筆]
- arutanga
- nekosan
- 大澤 文孝
- 勝田 有一朗
- 神田 民太郎
- ドレドレ怪人
- 某吉

質問に関して

本書の内容に関するご質問は、

① 返信用の切手を同封した手紙
② 往復はがき
③ FAX(03)5269-6031
　(ご自宅のFAX番号を明記してください)
④ E-mail　editors@kohgakusha.co.jp

のいずれかで、工学社編集部宛にお願いします。電話によるお問い合わせはご遠慮ください。

● サポートページは下記にあります。
【工学社サイト】http://www.kohgakusha.co.jp/

I/O BOOKS

小型マイコンボードを使った電子工作ガイド

平成28年11月20日　初版発行　Ⓒ 2016

編　集	I/O編集部
発行人	星　正明
発行所	株式会社工学社
	〒160-0004
	東京都新宿区四谷4-28-20 2F
電話	(03)5269-2041(代) [営業]
	(03)5269-6041(代) [編集]
振替口座	00150-6-22510

※定価はカバーに表示してあります。

[印刷] 図書印刷(株)

ISBN978-4-77751981-1